ECOGUIA

Guia Ecológico de

A a Z

apresentação e adaptação da edição brasileira:
Martha Argel

Fundação Nicolas Hulot

ECOGUIA

Guia Ecológico de A a Z

LANDY
EDITORA

2008

Título Original
Écologuides de A à Z

Tradução
Mariana Nunes Ribeiro Echalar

Capa
Camila Mesquita

Projeto Gráfico
Rogério de Moura

Revisão
Martha Argel

Diagramação e editoração eletrônica
Ida Gouveia, Oficina das Letras®

Dados Internacionais de Catalogação na Publicação (CIP)
(Câmara Brasileira do Livro, SP, Brasil)

Ecoguia : guia ecológico de A a Z / Fundação Nicolas Hulot ; [tradução Mariana Nunes Ribeiro Echalar] ; apresentação e adaptação da edição brasileira Martha Argel. -- São Paulo : Landy Editora, 2008.

Título original: Écologuides de A à Z
ISBN 978-85-7629-100-8

1. Homem - Influência sobre a natureza 2. Meio ambiente - Proteção 3. Natureza - Conservação 4. Poluição I. Fundação Nicolas Hulot. II. Argel, Martha.

08-00303 CDD-363.7003

Índices para catálogo sistemático: 1. Ecologia : Guias 363.7003

LANDY EDITORA

Landy, Livraria Editora e Distribuidora Ltda.
tel. (11) 3361.5380
Rua Fortunato, 85
01224-030 São Paulo, SP
Brasil

Se você tem um projeto para um ano,
plante um grão;

Se você tem um projeto para dez anos,
plante uma árvore;

Se você tem um projeto para uma vida,
eduque uma criança.

Provérbio africano

Sumário

Apresentação à edição brasileira

Para mim, o ano de 1978 foi inesquecível. Nesse ano, mudou para sempre a forma de os brasileiros encararem a natureza.

Eu era uma adolescente empenhada em realizar o sonho de entrar para a universidade e estudar biologia. De repente, as manchetes dos jornais e da tevê só falavam em uma coisa: meio ambiente. As catástrofes ambientais ganharam destaque com a misteriosa "maré vermelha" na praia de Hermenegildo, no Rio Grande do Sul, que matou peixes e deixou as pessoas doentes. Também em 1978, os brasileiros tomaram consciência dos perigos do desenvolvimento a qualquer custo, e por toda parte surgiram adesivos dizendo "Energia nuclear? Não, obrigado". Pessoas comuns expressavam interesse pelo bem-estar coletivo.

Mas o mais importante em 1978 foi que os brasileiros aprenderam a mudar o mundo. Pela primeira vez, movimentos populares surgiam para impedir catástrofes, e não só protestar depois que elas aconteciam. Eles conseguiram barrar duas obras que causariam enorme dano ambiental: uma fábrica de papel no rio Paranapanema, o único ainda limpo no estado de São Paulo, e um aeroporto internacional numa área de Mata Atlântica, em Caucaia do Alto, também em São Paulo.

É claro que a consciência ambiental não surgiu de uma hora para a outra, mas foi em 1978 que finalmente as pessoas abriram os olhos. Foi o nascimento de um esforço coletivo pela conservação do patrimônio que é de todos – o meio ambiente.

Tudo isso aconteceu há exatos trinta anos. Nesses anos todos muita coisa mudou. Os problemas ambientais agravaram-se no Brasil e no mundo, e novos problemas surgiram. Mas tanto aqui quanto lá fora aumentou também a preocupação das pessoas, o nível de conhecimento sobre o ambiente e a vontade de fazer algo para melhorar a vida de todos.

O ano de 2008 foi declarado pela ONU como o ANO INTERNACIONAL DO PLANETA TERRA, com o objetivo de mobilizar os tomadores de decisões, os cidadãos e os cientistas, incentivar os estudos sobre nosso planeta e promover o uso do conhecimento científico na forma como o mundo é governado. Com isso espera-se fazer avançar o desenvolvimento sustentável e promover uma sociedade melhor.

Os temas destacados durante o ano serão as reservas de águas subterrâneas, os riscos de acidentes, ambiente e saúde, a mudança climática, o uso sustentado dos recursos, as megacidades, o estudo da crosta terrestre, os oceanos, os solos e as origens da biodiversidade.

Nada mais apropriado do que tomar parte desse imenso mutirão global, trazendo para os leitores brasileiros de todas as idades o *Ecoguia, Guia Ecológico de A a Z,* da Fundação Nicolas Hulot, que vendeu mais de um milhão de exemplares na França. A edição brasileira foi inteiramente revisada e adaptada para o panorama ambiental de nosso país, com a inclusão de temas específicos e informações atualizadas. Numa linguagem clara e acessível, esta pequena enciclopédia traz informações úteis e interessantes sobre os principais temas ambientais. É um excelente ponto de partida para compreender todos os temas que serão discutidos, de 2008 em diante, em todo o mundo.

O Brasil ocupa um lugar de destaque nos debates mundiais sobre a conservação da natureza e a sobrevivência do ser humano na face da Terra. Muitas vezes nosso país é citado por causa das enormes agressões à natureza, como o desmatamento e as queimadas na Amazônia e no Cerrado. Mas esse é só o lado ruim da questão. Há muita coisa boa que merece e deve ser destacada. A biodiversidade brasileira é a maior do mundo.

Apesar do desmatamento das últimas décadas, é o país que conserva maior porcentagem de sua cobertura vegetal original, e abriga quase um terço das florestas que sobraram no mundo. As ações ambientais ganham impulso entre a sociedade civil, no governo e entre as empresas. Temos uma legislação avançada que, no entanto, precisa ser obedecida.

Vale a pena participar da preservação de nosso extraordinário patrimônio natural e de nossas fontes de recursos. Vale a pena lutar pela harmonia entre nossa população e o meio ambiente, por uma sociedade menos destruidora e por uma economia sustentável.

Para isso precisamos de informação. Precisamos entender melhor o mundo em que vivemos, para sabermos como tomar parte ativa em seu funcionamento e podermos, com sabedoria, cobrar dos governantes e políticos ações sérias e efetivas. Só com informação é que podemos atingir a cidadania plena.

Que este livro ajude os brasileiros a encontrar novas soluções e novos caminhos para os problemas ambientais, e a tornar realidade o sonho que nasceu há exatos trinta anos – dar chance às gerações futuras de desfrutarem da natureza mais bela do mundo.

Dra. Martha Argel

Ecóloga e ornitóloga

Prefácio

Tenho um amigo que diz que as árvores falam. Ele gosta de apoiar as costas no tronco dos grandes carvalhos da floresta e ouvir suas palavras. Nós rimos desse hábito porque, na verdade, nunca ouvimos mais do que os barulhos costumeiros da floresta. Até hoje, uma simples flor no meu jardim, uma fruta que cresce numa árvore, o zumbido de uma abelha, uma lontra ou um golfinho cortando as águas ou a efemeridade de uma nuvem me deixam feliz. É sempre um prazer despertar os sentidos com as cores e os cheiros que a natureza nos oferece para celebrar sua diversidade! Ainda me espanta que em pouco menos de 4 bilhões de anos e com tão pouca matéria original a história da vida tenha conseguido criar tamanha profusão e tamanha variedade de vida. Esse edifício maravilhoso é indizível, invisível, sutil, excessivamente elaborado e sofisticado, mas extremamente vulnerável, ao mesmo tempo. De tanto explorar os recursos do nosso planeta e gerar poluição, nós estamos ameaçando seu frágil equilíbrio. Ora, não existe o ser humano de um lado e a natureza do outro: nós somos solidários na vida, estamos no mesmo barco e, se esse barco cair no abismo, o conjunto dos seres vivos cai com ele. Desde já, a natureza mostra a marca excessiva do ser humano com extinção de espécies, destruição de ecossistemas, poluição, tempestades, inundações e ondas de calor. Está mais do que na hora de mudar nosso comportamento para reduzir o desperdício e economizar água, energia ou recursos para uma divisão melhor entre as pessoas que são privadas disso tudo.

Esse é o desafio formidável que nos foi lançado e eu convido vocês a encará-lo juntos. Como podemos traduzir essa conivência e essa filiação com a natureza em termos de comportamento? Aprendendo a produzir melhor e não cada vez mais, a consumir melhor e não cada vez mais. Se vocês, crianças e jovens de hoje que serão os consumidores e os protagonistas de amanhã, não aprenderem desde cedo a fazer a escolha certa, vocês não serão amanhã cidadãos mais responsáveis, que facilitarão a passagem de uma sociedade do ter, que nós encarnamos, para uma sociedade do ser, que é a única ecologicamente viável.

Existe coisa melhor do que abordar as noções de desenvolvimento sustentável, isto é, transformar em nossa a noção de solidariedade com o futuro, inscrevendo-a tanto no tempo como no espaço? Trata-se de dar novamente sentido ao progresso que forneceu instrumentos fantásticos às nossas sociedades. Não precisamos renegar a tecnologia, nem nos desviar da ciência, mas dar um jeito de orientá-la de maneira diferente. Apresentar a sustentabilidade não como um fazer "sem", mas como um fazer "melhor" é um desafio ao qual todos nós deveríamos aderir.

Se a admiração é o primeiro passo na direção do respeito, o segundo é o conhecimento. Nesse momento de generalização da educação ambiental nas escolas e às vésperas da abertura da década da ONU sobre educação para o desenvolvimento sustentável (2005-2014), eu espero que este livro forneça algumas chaves de entendimento para os desafios do nosso planeta e para os comportamentos que devemos adotar para preservá-lo. Nosso futuro está em nossas mãos. Conto com vocês.

Nicolas Hulot

Presidente da Fundação Nicolas Hulot
para a Natureza e o Homem

Ambiente Natural

"É triste imaginar que a natureza fala
e o gênero humano não a ouve."

Victor Hugo (1802-1885)

O meio natural corresponde a todos os lugares onde a vida se desenvolveu sem intervenção humana: ar, água, terra. Desde cerca de 3,8 bilhões de anos, a vida dominou os mares e a terra. Ela transformou ambientes hostis em biótopos receptivos para formas de vida diversificadas, que colonizaram todos os espaços disponíveis, desde os mares e seus abismos até as geleiras, passando pelos desertos, criando as selvas e os recifes de corais. Os ambientes naturais evoluíram com o clima, permitindo que novas espécies surgissem, mas também que outras, menos adaptadas, desaparecessem.

Desde o início da era industrial (há aproximadamente dois séculos), a presença humana cresceu e ganhou toda a superfície da terra e, algumas vezes, os mares e os oceanos.

O que acontecerá com esses ambientes modificados pela humanidade? Como podemos proteger os mais sensíveis?

Diante do impacto das atividades humanas sobre os ambientes, é necessário a partir de agora tomar consciência da nossa solidariedade com relação ao mundo vivo. Está na hora de assumir a responsabilidade por uma natureza que nós temos o poder de destruir ou de manter para transmiti-la aos nossos filhos. Com os conhecimentos que acumulamos, as ações de preservação dos ambientes e das espécies são indispensáveis: sem a natureza, não existirá futuro, porque as nossas vidas estão ligadas.

Água

Sem água não há vida! Tudo aquilo que cresce, respira, anda, nada ou voa na Terra precisa de água para viver. Os seres humanos são formados por aproximadamente 70% de água, e nós consumimos em média 3 litros de água por dia (por meio da bebida e da comida).

Na nossa vida cotidiana, nós usamos cada vez mais água para as nossas necessidades habituais: cozinhar nossos alimentos, fazer nossa higiene pessoal, lavar nossa roupa e nossa louça. O consumo de água no Brasil vem aumentando ano a ano: de 2003 a 2006, a média do uso de água por habitante aumentou de quase 143 litros por dia para pouco mais de 145 litros. (fonte: Ministério das Cidades, 2007). Em outros países, as pessoas usam ainda mais água: por exemplo, cada francês consome, em média, quase 200 litros de água por dia.

A água também é uma importante fonte de energia. Mais de 90% da energia elétrica consumida no Brasil provém de usinas hidrelétricas instaladas por todo o país.

No nosso planeta

- 97,4% da água é salgada (mares e oceanos).
- 2% da água é doce, mas está sob a forma de gelo (pólos e geleiras).
- 0,6% é de água doce líquida (águas subterrâneas, umidade, lagos, rios).

Dicas para economizar água

- Não deixar a água da torneira escorrer inutilmente.
- Não abusar das banheiras. Preferir os chuveiros, e tomar banhos curtos.
- Eliminar vazamentos em vasos sanitários e torneiras.
- Preferir uma descarga econômica, que consome 6 litros a menos a cada uso.
- Ao comprar uma lavadora de louça ou de roupa, escolher o modelo que usa menos água.
- A água evapora muito rápido sob o calor do sol. Se você tem um jardim em casa, aproveite o frescor da manhã ou da noite para regá-lo. Você também pode usar água de chuva.

Água potável

A água que bebemos todos os dias vem de rios ou dos lençóis freáticos. Para que se torne potável (limpa, sem cheiro, sem cor), ela passa por estações de tratamento. Depois de usada (no banho, nos vasos sanitários, na máquina de lavar, nas indústrias), parte dessa água suja (também chamada de água servida) é recuperada e novamente tratada. O resto é jogado na maioria das vezes no ambiente natural: nos rios ou no mar. Todas essas instalações e operações (bombear a água, torná-la potável, transportá-la, despoluí-la) são caras e o preço da água sobe sem parar. A água potável não é mais um recurso gratuito, é uma matéria-prima preciosa para a vida, que está se tornando cada vez mais rara.

No Brasil, várias cidades ainda não têm redes de distribuição de água tratada e quase metade delas não tem redes de coleta de esgoto, o que significa não só um risco à saúde de seus moradores, mas também uma grande fonte de poluição de rios e represas.

Uma das reservas de água doce potável mais importantes do mundo é o Aqüífero Guarani, um depósito de água subterrâneo com 1,2 milhão de quilômetros quadrados de extensão, que inclui parte do Brasil, da Argentina, do Paraguai e do Uruguai. Existe uma preocupação por parte dos cientistas quanto à contaminação e o uso excessivo da água aí armazenada.

Nos países em desenvolvimento

Falta de água. Muitos habitantes das regiões áridas não têm água e às vezes precisam percorrer vários quilômetros por dia para encontrá-la. Estima-se que 42 países (dos cerca de 200 Estados independentes) no mundo não têm água. No Brasil, essa situação acontece na região do Semi-Árido, que abrange os estados do Nordeste e o norte de Minas Gerais e é habitada por 12 milhões de pessoas. (fonte: ONG Articulação do Semi-Árido Brasileiro)

Água não-potável. 1,5 bilhão de pessoas (ou seja, um em cada quatro habitantes do planeta) não têm acesso a água potável.

Água perigosa. Não existem esgotos e estações de tratamento para 2,5 bilhões de pessoas. As águas sujas (com excrementos, sabão, produtos de limpeza, resíduos industriais) são jogadas nos rios ou nos mares. As conseqüências são dramáticas: 250 milhões de pessoas ficam doentes por causa da água poluída e 10 milhões morrem por causa disso. No entanto, medidas simples e baratas poderiam ser implantadas, como o tratamento da água por meio do cloro, do ozônio ou da desinfecção por radiação solar (fontes: Programa das Nações Unidas para o Desenvolvimento, Programa das Nações Unidas para o Ambiente).

Nos países industrializados

Há cinqüenta anos, apenas metade dos europeus tinha água nas torneiras. Hoje, numerosas estações de tratamento e redes de distribuição oferecem água em domicílio para quase todos os europeus. Contudo, ainda existem problemas, como a poluição dos recursos (lençóis freáticos, rios) pelos pesticidas e adubos oriundos da agricultura e pelos excrementos provenientes da pecuária. Em muitas cidades, essa poluição dificulta o tratamento da água.

Amazônia

A Amazônia é uma região da América do Sul onde existe a maior floresta tropical do mundo. Ela é quente e úmida, condições ideais para a vida. Sua biodiversidade é de uma grande riqueza. Encontramos ali perto de 25% das espécies de mamíferos e cerca de 20% das espécies de aves do planeta, 79 espécies de primatas, 950 espécies de morcegos, entre 2,5 mil e 3 mil espécies de peixes no imenso rio Amazonas e provavelmente milhares de espécies de insetos ainda desconhecidas. Pesquisadores descobriram até 40 espécies de formigas numa única árvore!

Mas essa floresta, da qual cerca de 80% estão situados no Brasil, está sendo agredida. Em nosso país, desde 1970, ela perdeu 17% da sua superfície: uma área equivalente a quase três vezes o estado de São Paulo e a 16 vezes o estado do Rio de Janeiro! As principais causas desse desmatamento são: exploração de madeira e minerais (ouro e ferro, por exemplo) e a transformação da floresta em pastagens e plantações, depois da queimada de parcelas da floresta. Esse desmatamento ocorre menos para o proveito de culturas de subsistência destinadas às populações locais do que para a pecuária ou culturas de exportação destinadas aos países ricos.

Animais em perigo

Muitos animais do nosso planeta estão em perigo. Segundo a União Internacional para a Conservação da Natureza (UICN), um quarto dos mamíferos, um terço dos peixes e um quarto dos anfíbios estariam ameaçados.

Na prática, isso significa que a população desses animais deve diminuir de 20% a 80% nos dez próximos anos, e algumas dessas espécies desaparecerão pura e simplesmente.

Com quase 400 espécies sob risco de extinção, o Brasil é um dos países com mais animais ameaçados no mundo todo. Muitos deles ocorrem só aqui, e sua sobrevivência depende unicamente de nós, brasileiros.

Principais causas de perigo para os animais

- Destruição dos ambientes naturais (florestas, cerrados, áreas úmidas, campos naturais) para agricultura ou pecuária.
- Pressão sobre o mundo vivo: caça, pesca, tráfico.
- Introdução de espécies exóticas invasoras, que ocupam o espaço das espécies endêmicas.

Antártida

A Antártida é o continente coberto de gelo onde fica o pólo Sul. É uma reserva natural internacional "dedicada à paz e à ciência". Atividades militares, depósito de resíduos, exploração de minas ou de petróleo estão proibidos por cinqüenta anos nessa região (Tratado de Madri, 1961). Mesmo os cientistas que trabalham nas 44 bases de pesquisa espalhadas pelo continente devem obedecer a regras estritas: nada de resíduos jogados fora e nada de cães ou gatos, cujas doenças poderiam contaminar os animais nativos. Os estudos feitos ali são muitos: astronomia, atmosfera (buraco na camada de ozônio, evolução do clima e aquecimento do planeta), fauna, corpo humano (por exemplo, resistência ao frio). Por fim, a Antártida é uma fonte fantástica de informações sobre o passado. As perfurações e a análise das bolhas de ar presas no gelo durante séculos permitem que se conheçam as temperaturas e a composição do ar de até 850 mil anos atrás. Assim, nós podemos reconstituir a história da atmosfera e a história do clima.

Ar

O ar é composto de 21% de oxigênio (O_2), 78% de nitrogênio (N_2) e 1% de outros gases. Ele é indispensável para nós porque o oxigênio que respiramos é o combustível da vida. Portanto, a pureza do ar é importante para a nossa saúde.

O ar pode ser poluído por gases e partículas lançados pelos veículos, pela indústria e, nos lugares frios, pelo aquecimento das casas. Essa poluição é invisível, mal cheirosa e, às vezes, perigosa. Ela está presente o ano inteiro nos ambientes urbanos. No inverno, muitas cidades brasileiras sofrem uma piora da qualidade do ar, devido à seca e ao fenômeno da inversão térmica, em que o ar poluído fica preso embaixo de uma camada de ar mais frio. Nessa época, a poluição do ar também se agrava nas regiões rurais, por causa do aumento no número de queimadas. Há lugares do Brasil Central onde a névoa seca fica tão densa que chega a impedir o vôo de aviões. A poluição também é levada pelos ventos e até no meio dos oceanos, em imensas nuvens que partem das zonas muito industrializadas e se deslocam entre os continentes.

Alguns poluentes respirados durante anos desencadeiam doenças respiratórias (especialmente bronquites) em crianças e em idosos. Eles também agravam o estado de saúde das pessoas já frágeis, que sofrem de asma, alergias ou bronquites. Em cidades altamente poluídas, como São Paulo, a população inteira sofre os efeitos da poluição e das doenças provocadas por ela.

O ar poluído das cidades também corrói as pedras e o aço das construções, exigindo reparos, reforços e substituições dos materiais atacados.

A questão do dióxido de carbono (CO_2) é um tanto singular: esse gás é um gás natural necessário (ver efeito estufa) que não tem nenhum efeito direto sobre a saúde, mas contribui muito para o aquecimento climático, portanto tem influência direta sobre a extensão das doenças em razão da modificação das condições climáticas.

Como podemos reduzir a poluição do ar?

- Diminuindo os resíduos poluentes dos mais de 40 milhões de veículos que circulam no Brasil (carros particulares, caminhões, ônibus e motos). Os novos motores são mais limpos (menor consumo de combustível, menor produção de gases não queimados, filtros para partículas de diesel, gasolina sem chumbo), mas os efeitos são limitados não só por falta de regulagem dos motores, mas também pelo aumento do número de veículos: mais de 2 milhões e meio foram fabricados no Brasil, só em 2007.

- Desenvolvendo veículos pouco ou não poluentes, movidos a gás natural, eletricidade, hidrogênio etc.
- Privilegiando o uso de transportes públicos ou bicicletas.
- Desenvolvendo o transporte de caminhões sobre trens e o transporte intermodal, que integra vários meios de transporte (ferrovias, hidrovias, rodovias) em um mesmo trajeto.

Algumas cidades muito poluídas

As grandes aglomerações são freqüentemente lugares muito poluídos, de tão grande que é a concentração das atividades humanas (domésticas ou industriais). Cubatão, no litoral de São Paulo, foi considerado nas décadas de 1970 e 1980 como o lugar mais poluído do mundo: quase mil toneladas de poluentes eram lançados no ar por dia, e outras substâncias tóxicas eram despejadas no solo, nos rios e nos manguezais. Em 1984 foi iniciado um programa de despoluição, que reduziu as emissões em mais de 90%. Até 2006, porém, o município ainda estava entre os 30 lugares mais poluídos do mundo, pois solo e águas continuam contaminados (fonte: Blacksmith Institute). São Paulo, México, Cairo e Los Angeles são cidades poluídas pelos gases de escapamento de um tráfego gigantesco. O ar de Pequim é carregado de dióxido de enxofre por causa do uso generalizado de carvão. O metano, um gás muito inflamável, também escapa de alguns bairros das grandes cidades de países em desenvolvimento, que foram transformados em imensos aterros a céu aberto. Esse gás é o resultado da decomposição de milhões de toneladas de resíduos. Por fim, muitas aglomerações no mundo todo sofrem com o ozônio, um gás irritante formado pela ação do sol a partir de poluentes saídos dos meios de transporte e das indústrias. No Brasil, isso ocorre, por exemplo, na cidade de São Paulo.

Todos somos responsáveis pelo nosso planeta

- Nas cidades, 50% dos trajetos feitos de carro têm menos de 3 quilômetros em linha reta. Uma distância ideal para passeios a pé, de bicicleta, de patim, de patinete ou de ônibus, se você estiver cansado.
- Para se deslocar até o trabalho, use os transportes públicos; você pode ir lendo, dormindo, conversando, enfim, relaxando enquanto os outros se irritam no trânsito. E, além disso, você vai consumir três vezes menos CO_2 que se fosse de carro!
- Pratique a carona, isto é, divida seu carro com outros usuários do mesmo caminho e façam juntos todo ou parte do trajeto.

- Nos dias muito quentes, só use o carro em caso de emergência, e todos vão poder respirar um pouco melhor.
- Para ter ar puro, adote plantas: as folhas absorvem uma parte dos gases tóxicos contidos na atmosfera da casa.

Áreas protegidas

As áreas protegidas são muito importantes porque, para impedir a extinção das espécies, não basta proteger as plantas e os animais, também é preciso preservar o ambiente em que eles vivem. O primeiro parque, o de Yellowstone, foi criado em 1872 nos Estados Unidos. Desde então, surgiram inúmeras áreas protegidas. Hoje, elas cobrem cerca de 9% do planeta, dos quais muitas florestas, montanhas e vales, assim como todo o continente antártico.

No Brasil, as áreas naturais onde plantas, animais, ecossistemas, paisagens e o patrimônio natural estão protegidos são chamadas de Unidades de Conservação. Essas áreas são mantidas pelo governo federal, pelos estados, pelos municípios ou mesmo por pessoas e empresas que desejam ajudar na conservação da natureza. Em conjunto, elas formam o Sistema Nacional de Unidades de Conservação da Natureza, ou SNUC. Existem vários tipos de áreas protegidas em nosso país, e os mais importantes são:

- Estação Ecológica: destinada à preservação da natureza e às pesquisas científicas.
- Reserva Biológica: preserva integralmente a biota, sem modificações ambientais, a não ser ações de recuperação de ecossistemas alterados.
- Parque Nacional: destinado à preservação de ecossistemas de importância ecológica e de beleza cênica, às pesquisas científicas e ao ecoturismo.
- Área de Proteção Ambiental: protege a biodiversidade, permitindo ao mesmo tempo o uso sustentado dos recursos naturais.
- Reserva Particular do Patrimônio Natural: é uma área particular, destinada por seu proprietário à proteção perpétua, visando conservar a biodiversidade.

A primeira unidade de conservação criada no Brasil foi o Parque Nacional do Itatiaia, em 1937. Existem hoje no país 71 Estações Ecológicas, 40 Reservas Biológicas, 53 Parques Nacionais, 40 Áreas de Proteção Ambiental Federais e centenas de Reservas Particulares do Patrimônio Ambiental (fonte: Portal Ambiente Brasil).

Além das áreas protegidas próprias de cada país, a partir de 1974 foram criadas no mundo reservas conhecidas como "reservas da biosfera". Elas são divididas em três partes: uma área central reservada apenas para as plantas e para os animais, e duas outras áreas nas quais os moradores podem praticar a agricultura e a pecuária, desde que respeitem o meio ambiente. Essas duas áreas também servem para o estudo das plantas e dos animais, para receber turistas e para informar sobre a proteção da natureza. Existem no Brasil sete reservas da biosfera.

Ártico

O Ártico é a região situada em torno do pólo Norte. Ela inclui o norte da América, da Europa e da Sibéria, a Groenlândia, as ilhas Jan Mayen e Vrangel, os arquipélagos Francisco José, Svalbard, Nova Zembla, Terra do Norte e Nova Sibéria, assim como o arquipélago ártico canadense. No centro dele, o mar fica congelado o ano todo, formando uma banquisa. Na periferia, a superfície das terras do norte da Europa, da Ásia e da América degela apenas algumas semanas por ano. A vegetação então se desenvolve rapidamente, floresce e se reproduz, e muitos animais saem de sua hibernação.

As terras árticas são habitadas há vários milhares de anos por povos (siberianos, chukchis, inuítes) cujas condições de vida são muito difíceis.

Atmosfera

É a camada de ar que circunda a Terra. Ela é indispensável para a vida porque contém o oxigênio que respiramos e também nos protege da queda de pequenos meteoritos, que se desfazem em estrelas cadentes, filtra os raios ultravioletas, que são muito nocivos para os seres vivos, e estabiliza a temperatura. Sem ela, faria 100°C de dia e -150°C à noite na superfície da Terra!

Desde o início da era industrial, há cerca de dois séculos, ser humano gera gases poluentes em grande quantidade. Ele modificou assim a composição e, portanto, as propriedades da atmosfera, acarretando a poluição, o aquecimento do planeta e o buraco na camada de ozônio.

Biodiversidade

Nosso planeta se distingue por uma grande diversidade de vida, tanto visível como invisível. Das bactérias às baleias, das margaridas aos baobás, dos desertos às florestas tropicais, tudo é biodiversidade.

A biodiversidade é o conjunto da vida: plantas, animais, organismos microscópicos e seus genes, como também as diferentes paisagens naturais. Estas últimas são formadas por uma infinidade de ecossistemas de tamanho variável (da poça de água à floresta). Cada ecossistema compreende os seres vivos que o povoam e o ambiente em que eles vivem, do qual dependem (tipo de solo, relevo, clima) e sobre o qual, em contrapartida, exercem uma influência.

A biodiversidade é muitas vezes representada pela riqueza de espécies: bastante simples de verificar, esta corresponde à listagem das espécies que povoam determinado espaço e reflete o estado de saúde dos ecossistemas. As relações entre os seres vivos são múltiplas: eles se ajudam mutuamente, comem uns aos outros ou competem entre si pelo uso dos recursos disponíveis. O ser humano, espécie entre outras espécies, faz parte da biodiversidade.

O Brasil abriga a maior biodiversidade do mundo. Acredita-se que ocorrem aqui cerca de 20% do número total de espécies existentes na Terra. A Amazônia, a Mata Atlântica e o Cerrado são três biomas de altíssima biodiversidade.

Bioma

É o nome dado a áreas muito extensas, caracterizadas por um tipo bem definido de vegetação que é determinado pelo clima. No Brasil, existem sete biomas: Amazônia, Cerrado, Mata Atlântica, Caatinga, Pantanal, Campos Sulinos e Ambientes Costeiros (fonte: Ibama).

Biosfera

"Biosfera" é um termo científico que designa a fina faixa de atmosfera e de solo que circunda e forma nosso planeta, assim como toda a vida que prolifera nela. Essa faixa vai das baixas camadas da atmosfera (acima dela, os raios solares e a ausência de oxigênio tornam a vida impossível) até o subsolo da Terra (abaixo dele, as rochas e a lava impedem que a vida se desenvolva). Quando falamos de biosfera, estamos nos referindo também ao ar, à terra, às águas, aos animais, aos vegetais, aos microrganismos e ao ser humano.

Biótopo

O biótopo é um ambiente natural com características ecológicas precisas e constantes (clima) que abriga populações de seres vivos (chamadas de biocenose ou biota). Um deserto, um charco, um oceano, um talude, uma árvore podre, são todos biótopos.

Cadeia alimentar

Todo ser vivo deve comer e pode ser comido. Essa dependência interliga todas as espécies do mundo vivo.

Primeiro, são as plantas que tiram seu alimento dos minerais do solo, da água e do sol, graças à clorofila de suas células e da fotossíntese. Elas são comidas pelos animais herbívoros, que por sua vez são comidos pelos carnívoros. Esse encadeamento, válido tanto na terra como nas águas, é chamado de cadeia alimentar.

A energia e a matéria armazenadas nas plantas passam assim de espécie em espécie, ao longo de toda a cadeia alimentar, até chegar ao ser humano, no topo dela. É assim que, às vezes, poluentes jogados nas águas são captados pelas plantas, depois transmitidos aos animais e, por fim, às pessoas.

Foi o que ocorreu na baía de Minamata (Japão) nos anos 1960: o mercúrio (tóxico) jogado no mar pelas fábricas foi absorvido pela flora e pela fauna marinhas, o que contaminou a população de pescadores. Muitas crianças nasceram com doenças degenerativas.

Ciclo natural da água

A quantidade total de água no nosso planeta é constante desde 4,4 bilhões de anos atrás. A água está presente na terra e na atmosfera sob as formas gasosa (vapor de água), líquida (rios, lagos, oceanos) e sólida (geleiras, icebergs). Sob o efeito do sol, a água evapora e se condensa na atmosfera para formar nuvens. Em seguida ela cai sob a forma de precipitação, depois escorre e se infiltra, indo engrossar os cursos de água até evaporar de novo: esse é o ciclo natural da água.

Clima

Existem diferentes climas no nosso planeta. O clima de uma região é determinado pela temperatura, pela incidência do sol, pelas precipitações e pela umidade do ar durante um longo período. Essas características determinam o número e a variedade das espécies vivas. O clima desértico (seco e quente) é menos favorável à vida que o clima equatorial (quente e úmido). O clima é submetido a variações de longa duração em função das variações de atividade do Sol. Períodos frios (chamados de glaciais) favoreceram o desenvolvimento de imensas geleiras; períodos mais quentes fizeram essas geleiras quase desaparecer.

O clima terrestre saiu de uma era glacial há cerca de 12 mil anos. A experiência do passado nos ensinou que evoluções do clima são possíveis: nós passamos por uma “pequena era glacial” entre 1450 e 1890, período em que o tempo foi geralmente frio, as geleiras avançaram e as colheitas foram ruins, causando fome principalmente na Europa, onde a densidade da população humana era elevada. Desde o fim do século XIX, observamos uma tendência de aquecimento do clima, que se acentuará se o efeito estufa de origem humana continuar.

Os principais climas da Terra

Há uma oposição entre os climas com estações térmicas contrastantes (regiões temperadas e frias) e os climas com estações pluviométricas isto é, baseadas na quantidade de chuva que cai (regiões intertropicais).

- Climas quentes da zona intertropical, que se diferenciam pela quantidade e pelo regime de chuvas:
  - *Equatorial:* a mesma estação o ano inteiro, quente e úmida. Chove muito (Amazônia, África equatorial).
  - *Tropical:* duas estações somente, a estação seca e a estação úmida, durante a qual chove muito (maior parte do Brasil, Índia).
  - *Subtropical:* temperaturas menos elevadas, com chuvas abundantes o ano todo (no Brasil, abaixo do trópico de Capricórnio)
  - *Tropical seco árido:* muito quente durante o dia e às vezes muito frio à noite. Chuvas muito fracas, às vezes nenhuma (Saara).
- Climas temperados com quatro estações térmicas:
  - *Oceânico:* não é nunca nem muito frio nem muito quente. Chuvas regulares durante o ano todo (Inglaterra).
  - *Continental:* inverno frio e seco, verão quente (Rússia).
  - *Mediterrâneo:* inverno ameno, verão quente e seco. Chuvas fracas (Itália, Espanha, Portugal, sul da França).
- Clima polar: inverno glacial, verão curto e frio. Neve e gelo (pólo Norte e pólo Sul).

Devemos observar: em todas as latitudes, a altitude modifica o clima com a diminuição das temperaturas em 6ºC a cada mil metros de altitude e com o aumento das precipitações, especialmente de neve (Andes, Rochosas, Himalaia).

Clorofila

A clorofila é um pigmento que dá cor verde às plantas e capta energia do sol para transformar em açúcares (especialmente amidos) o gás carbônico absorvido pelas folhas e a água absorvida pelas raízes. Essa reação química se chama fotossíntese. Os açúcares são então transportados pela seiva até as diferentes partes da planta e transformados em tecido vegetal para garantir seu crescimento. A fotossíntese também libera oxigênio, que é lançado na atmosfera.

Dossel

Situado entre 30 e 40 metros acima do solo, o dossel é a parte superior das árvores das florestas tropicais. Ele recebe luz e chuva em grande quantidade e, portanto, produz muitas folhas e flores, que servem de biótopo para muitos animais. Por causa da altura, é difícil para os cientistas estudarem a ecologia do dossel. No Brasil, a técnica mais usada é a escalada com cordas, e em alguns lugares existem passarelas elevadas e torres de observação, usadas não só pelos cientistas, mas também por turistas.

Ecossistema

Um ecossistema é um conjunto formado por um ambiente natural ou artificial, isto é, um biótopo (por exemplo, uma represa, um pasto, um jardim, uma floresta, uma plantação de milho) e os organismos vivos que o habitam (a biocenose, ou biota). Mas um tronco de árvore em decomposição no meio de um campo também é um ecossistema, porque ele abriga vegetais e animais que não são encontrados no resto do campo. Assim, um ecossistema pode estar dentro de outro e ter uma duração de vida diferente. O campo existirá durante dezenas de anos talvez, já o tronco resistirá apenas alguns meses ou alguns anos. Depois que tiver se decomposto completamente, ele deixará de existir.

Os ecossistemas nos prestam um enorme serviço

Hoje os economistas se esforçam para avaliar em termos financeiros os serviços que os ecossistemas prestam à humanidade. Foi feita uma estimativa baseada em 17 tarefas realizadas pelos ambientes naturais (regulação do clima e do ciclo da água, resistência à erosão, formação dos solos, polinização etc.). A cifra obtida pelos pesquisadores situa-se entre 16 trilhões e 54 trilhões de dólares, em outras palavras: várias dezenas de vezes mais que a produção comercial total da humanidade. Isso mostra até onde vai a incapacidade do ser humano para substituir o trabalho dos ecossistemas e o tamanho do seu interesse em preservá-los (fonte: revista *Nature*, 1997).

Floresta

As florestas são ecossistemas que abrigam muitas espécies animais e vegetais. Algumas florestas são muito ricas (florestas úmidas equatoriais ou tropicais), outras são formadas apenas por umas poucas espécies (florestas de pinheiros ou abetos).

- Nos países em desenvolvimento (América Latina, África, Ásia), muitas florestas são exploradas por causa de sua madeira ou transformadas em pastagens e plantações (desmatamento). Infelizmente, elas não são replantadas. Como o crescimento natural é lento, o solo nu é carregado pelas enxurradas ou pelo vento, deixando grandes parcelas estéreis, sem proveito para as pessoas dali em diante.
- Nos países industrializados, a maioria das florestas são conservadas e exploradas. O ser humano desmata para diminuir os riscos de incêndios. Ele corta as árvores

para utilizar a madeira, mas planta outras. Limita o número de animais (javalis, cervídeos) através da caça. Abre trilhas para caminhadas. A gestão das florestas só pode ser feita a longo prazo. Por exemplo, os carvalhos da floresta de Tronçais (França) foram plantados durante o reinado de Luís XIV para fornecer mastros para a Marinha real. Trezentos anos depois, eles são cortados em virtude do grande valor de sua madeira.

Existem três tipos principais de florestas

- As florestas equatoriais e tropicais em clima quente (próximo do equador), com extraordinária riqueza de espécies de árvores. Nas florestas úmidas, densas e sempre verdes, como a Floresta Amazônica e a Mata Atlântica, as árvores maiores podem medir até 60 metros de altura. As florestas tropicais secas, situadas mais perto dos trópicos, recebem chuvas abundantes apenas durante uma parte do ano. Portanto, elas são menos luxuriantes que as florestas úmidas; é o caso da Caatinga, típica do nordeste brasileiro. Algumas árvores das florestas brasileiras são: castanheira, sumaúma, jequitibá, jacarandá, figueiras, guapuruvu, pau-brasil, imbuia, mogno, copaíba. Além das árvores, as florestas equatoriais e tropicais são ricas em palmeiras, bambus, trepadeiras, epífitas (plantas que crescem sobre as outras mas não são parasitas) e samambaias.

- As florestas de árvores de folhas caducas (bétulas, carvalhos, bordos, freixos, faias, entre outras) em clima temperado (Europa, Extremo Oriente, leste dos Estados Unidos). As folhas caem todos os anos no outono e crescem novamente na primavera.
- As florestas de coníferas (pinheiros, cedros, abetos, lariços) em clima frio (norte da América, da Ásia e da Europa e regiões montanhosas). As agulhas substituem as folhas e permanecem verdes o ano inteiro.

Por que devemos preservar as florestas?

- As florestas tropicais abrigam mais da metade das espécies animais e vegetais do mundo, e a maioria delas não consegue sobreviver em outros tipos de ambientes. Essas espécies desaparecem das regiões onde a floresta é destruída.
- São estabilizadoras do solo, porque limitam a lixiviação e a erosão provocadas pelas chuvas.
- As florestas previnem as inundações fazendo o papel de esponjas e ajudam na regulação do clima. Elas transpiram vapor de água, dando origem às nuvens que protegem do

sol e contribuem para resfriar o planeta. Se as grandes florestas equatoriais e tropicais desaparecessem, o clima da Terra se alteraria.

- Em período de crescimento, as florestas armazenam carbono que, do contrário, contribuiria para o efeito estufa.
- São as farmácias do amanhã. Os remédios contras as doenças presentes e futuras talvez se encontrem nas substâncias naturais das plantas da floresta.
- As florestas são reservas naturais de madeira para utilização pelas pessoas (construção, combustível)

Devemos observar: as florestas certificadas. As ONGs, as madeireiras e os Estados estão tentando implantar selos de certificação que garantam a gestão sustentável das florestas. Por enquanto, apenas 2% das florestas do mundo são certificadas. No Brasil existem poucas florestas certificadas. Infelizmente, em nosso país boa parte da madeira ainda é explorada de forma ilegal, principalmente em Rondônia, norte de Mato Grosso e sul do Pará.

Gelo polar

Os gelos polares representam aproximadamente 78% da água doce presente na superfície da Terra. Eles têm origens diferentes. O gelo do pólo Norte é formado pelo congelamento da água do mar, enquanto no pólo Sul ele provém do acúmulo de neve, que forma geleiras de escala continental e pode atingir uma espessura de 2 mil metros. A Antártida, sozinha, contém aproximadamente 90% do gelo terrestre, ou seja, 70% da água doce presente na Terra.

Nos últimos anos, constatamos uma espessura menor na banquisa do Ártico e precipitações de neve mais fracas na Antártida. Além disso, o monitoramento via satélite dos pólos mostra que enormes icebergs, com até o dobro da área da cidade de São Paulo, estão se destacando e derretendo. O gelo dos pólos estaria desaparecendo? Com certeza não na Antártida e no pólo Sul, mas muito provavelmente no Ártico e no pólo Norte. Os climatologistas estadunidenses da National Oceanic and Atmospheric Administration (NOAA) estimam que a espessura da banquisa ártica diminuirá 20% entre 1950 e 2010. Infelizmente, esse degelo reforçará o aquecimento nessa região do planeta, porque o mar, por refletir menos que o gelo os raios solares, armazena mais calor.

Jardim

Um jardim é tanto um pedaço de terra onde se cultivam flores e legumes como um lugar onde é gostoso passear, brincar ou relaxar. É também uma moradia para insetos, um abrigo para aves, uma paisagem que muda ao longo do ano. Mas atenção: sem se dar conta, muitos "jardineiros de fim de semana" estão intoxicando seus jardins e a natureza em volta com doses excessivas de adubo, herbicida, inseticida e outros venenos. É melhor usar métodos naturais e, quando o tratamento químico for realmente indispensável, usar só as doses necessárias e nada a mais!

Conselhos aos jardineiros

- Contra os insetos e as ervas daninhas, escolha produtos naturais: uma calda de fumo com sabão combate cochonilhas, lagartas e pulgões; cinza de madeira protege contra lesmas.
- Arranque as ervas daninhas com a mão sempre que possível, porque os herbicidas não escolhem as plantas e os animais que vão matar!
- Para adubar a terra, use um composto feito em casa.
- Favoreça a biodiversidade do seu jardim. Pense em plantar flores e frutos que atraiam as aves e os insetos polinizadores, instalar caixas de ninhos, bebedouros e comedouros para as aves. Não custa nada, não traz prejuízos e é um ponto a favor das espécies.

Lago

Um lago é uma grande extensão de água doce na maioria das vezes, mas às vezes também de água salgada (como o Grande Lago Salgado nos Estados Unidos, cuja água evaporou por causa do calor). Alguns lagos, chamados de artificiais, foram criados pelo ser humano, especialmente com a construção de barragens.

Os lagos são importantes porque permitem a sobrevivência de um grande número de pessoas. Mas eles também são um ecossistema frágil, que pode ser ameaçado por um bombeamento excessivo de água para irrigação, pela poluição, pela eutrofização ou ainda pela introdução de espécies colonizadoras.

Lençol freático (subterrâneo)

Os lençóis freáticos são depósitos de água situados no subsolo da Terra. Eles fornecem uma parte importante da nossa água potável. Estão freqüentemente relacionados aos rios e os riachos, que alimentam. Em caso de seca, o nível dos lençóis freáticos diminui e fica mais difícil bombear água para a agricultura ou para o abastecimento de água para beber. A qualidade deles também é um indicador da saúde do meio ambiente.

As ameaças

- Poluição. Encontramos cada vez mais nos lençóis freáticos resíduos de produtos usados na agricultura (adubos, herbicidas, inseticidas).
- Exploração excessiva. Em algumas regiões desérticas, a água dos lençóis freáticos é bombeada para transformar os desertos em oásis por meio da irrigação. Se for bombeada água demais, existe o risco de que esses lençóis, que demoraram centenas ou mesmo milhares de anos para se formar, se esgotem. A exploração excessiva pode acontecer também em áreas que não são desérticas; quando é retirada água demais numa região, o nível do lençol desce e os poços aí existentes podem secar.

Mares e oceanos

Os mares e os oceanos ocupam mais de 70% da superfície da Terra (os mares são partes menores dos oceanos e alguns são fechados). Eles são muito importantes para o equilíbrio do nosso planeta, porque regulam os climas, reciclam a água (ciclo natural), absorvem e armazenam uma parte do CO_2 lançado na atmosfera pelas pessoas. Três em cada cinco habitantes do planeta vivem a menos de 80 quilômetros de um mar, e a vida de muitos deles depende da pesca, da criação de moluscos, do transporte marítimo. É também nas orlas marítimas que a vida selvagem (algas, moluscos, peixes, entre outros) se concentra.

Infelizmente também é onde se encontra a poluição mais intensa, uma de suas principais ameaças, juntamente com a ocupação urbana das costas e a pesca excessiva.

Se o nível dos oceanos está subindo em conseqüência do aquecimento do clima, isso não é nem excepcional nem surpreendente. Quando faz calor, a água se dilata e, portanto, ocupa mais espaço: seu nível sobe ao longo da costa. Quando faz frio, a água se contrai e o nível desce.

É preciso que faça realmente muito frio, como nos períodos glaciais, para que o nível dos oceanos baixe várias dezenas de metros, com o armazenamento da água nas geleiras, que passam a cobrir grande parte do planeta. Foi o que ocorreu várias vezes no passado, como quando o canal da Mancha, entre a França e a Inglaterra, e a passagem para a Austrália secaram. O canal da Mancha secou em todas as glaciações; a última vez foi entre os anos 20 mil e 14 mil a.C.

Atualmente é o aumento do nível do mar que está na moda, em razão do aquecimento climático. Embora esse fenômeno físico seja bem conhecido, os efeitos de uma elevação brutal podem ser dramáticos: ilhas alagadas, orlas submersas, cidades e vilas inundadas, costas e praias devastadas.

A poluição dos mares e dos oceanos

75% da poluição marinha provém de atividades terrestres (adubos e pesticidas agrícolas, dejetos da pecuária, produtos industriais, águas servidas das cidades); o resto provém da lavagem de tanques dos navios, das marés negras e da negligência das pessoas, que lançam resíduos no mar.

No Brasil, 47 milhões de metros cúbicos de esgotos são lançados todo dia no nosso litoral, por mais de 1400 indústrias e 448 cidades. Essa poluição prejudica a população humana, o turismo, o meio ambiente e a economia (fonte: Ministério do Meio Ambiente).

Conseqüências

A poluição altera o equilíbrio entre as diferentes espécies animais e vegetais, deteriora a qualidade da água e provoca doenças e intoxicações nas pessoas e nos animais, ameaçando toda a cadeia alimentar.

Alguns objetos comuns, como sacos plásticos, sufocam os golfinhos e as tartarugas, que os confundem com águas-vivas.

Os mares são mais frágeis

Os mares são mais frágeis que os oceanos, porque a água deles não se renova nunca ou quase nunca. É o caso do mar do Norte, do mar Báltico, do mar Negro ou ainda do Mediterrâneo.

No litoral do Mediterrâneo, por exemplo, apenas 20% das cidades dispõem de estações de tratamento. Nas outras 80%, a água suja é jogada diretamente no mar!

Meteorologia

A meteorologia tem como objetivo o estudo do tempo que está fazendo e a previsão do tempo que vai fazer. Hoje, as previsões são confiáveis para um período de cinco dias. Mais do que isso, a previsão é impossível, porque as massas de ar da atmosfera, as nuvens e o vento mudam muito rápido. Os meteorologistas são os primeiros a anunciar os fenômenos excepcionais, como as chuvas e as inundações, as tempestades e os ciclones. Esses fenômenos são hoje mais freqüentes que antigamente? É difícil saber, mas eles podem se tornar mais freqüentes se o ser humano romper o equilíbrio atual.

Meios de observação

As estações de observação de superfície estudam a atmosfera 24 horas por dia. Os meios de observação são muitos: satélites, radiossondas (que sobem até 25-30 mil metros de altura e, enquanto sobem, registram temperatura, vento, pressão e umidade) e radares (que detectam riscos de chuva).

Algumas profissões para as quais a meteorologia é importante

- Pilotos. O vento e a visibilidade são dados indispensáveis para poder voar.
- Agricultores. Para saber quando plantar, quando proteger as plantas contra as geadas, se há previsão de chuvas ou de seca.
- Pescadores. Para que não saiam para o mar quando há risco de tempestade.
- Operários da construção civil. Eles não trabalham ao ar livre quando o tempo está ruim.

Recursos naturais

A madeira, os combustíveis fósseis (carvão, gás, petróleo), a água doce e os metais são recursos naturais que o ser humano utiliza para produzir bens. Embora sejam gratuitos, nem por isso são inesgotáveis! Na verdade, eles existem em quantidade limitada no nosso planeta e, se esgotarmos todas as suas reservas, teremos de reduzir nosso consumo ou encontrar outras soluções. É o que acontecerá com o petróleo, daqui a aproximadamente sessenta anos, mas também com a madeira e com a água doce em alguns países.

Rio

Os rios foram desde sempre uma fonte de água e de alimento para as pessoas, assim como um meio de transporte. Não surpreende, portanto, que grande parte dos seres humanos viva nas margens dos rios e de suas embocaduras. Assim, por exemplo: 400 milhões de chineses vivem nas margens do Yang-tse-kiang; 300 milhões de indianos e de bengaleses vivem nas margens do Ganges e do Brahmaputra; 80 milhões de egípcios vivem à beira do Nilo e o mesmo tanto de pessoas vive à beira do Mississipi, nos Estados Unidos. Estima-se igualmente que 1 bilhão de pessoas vivam nos deltas* dos grandes rios.

No período de inundações, ou durante a monção de verão, os rios transbordam não só porque as chuvas são muito abundantes, mas também porque não podem desaguar no mar, por causa dos ventos violentos que sopram na direção da costa e das fortes ondas provocadas pelas marés cheias.

As obras mais comuns nos rios brasileiros são as barragens para geração de energia elétrica.

Dicionário

* Delta é uma zona de depósito aluvial de formato triangular criado por um curso de água ao desembocar num mar de maré fraca ou num lago.

Existem em nosso país outros projetos polêmicos, como a implantação de hidrovias, que são caminhos aquáticos para o transporte de minérios e grãos por barcos, e a transposição de águas entre rios, para regular os excessos e permitir a navegação e a irrigação.

Zoologia e Botânica

Dentro da Biologia (ciência que estuda os seres vivos), tudo o que se refere às espécies animais é estudado pela Zoologia, enquanto as plantas são o objeto da Botânica.

Uma das tarefas de zoólogos e botânicos é a catalogação das espécies de seres vivos que existem no mundo. Apesar de todo o trabalho, que já dura séculos, ainda há muito por fazer: cerca de 1,7 milhões de espécies de animais, plantas e microorganismos já foram descritas e batizadas com nomes científicos, mas a cada ano os cientistas ainda encontram e descrevem mais de 13 mil espécies ainda não catalogadas pela ciência!

Na Zoologia, especialidades diferentes estudam cada grupo de animais: ornitologia (aves), mastozoologia ou mamalogia (mamíferos), herpetologia (répteis e anfíbios), ictiologia (peixes), entomologia (insetos), malacologia (moluscos) etc.

Desequilíbrio Ecológico

“Não foi o homem quem teceu
a trama da vida:
ele é apenas um fio dela.
Tudo que ele faz à trama,
ele faz a si mesmo.”

Chefe Seattle (1786-1866)

A multiplicidade de atividades humanas impõe pressões sobre os ambientes naturais, às vezes irreversíveis. Essa degradação realizada pelo ser humano muitas vezes se volta contra ele.

Apesar de, na maior parte do tempo, as pessoas se preocuparem com a preservação do planeta, acidentes devidos a sua imprudência, ou ao descaso com a natureza, são sempre possíveis, às vezes com conseqüências tão graves que põem em risco a vida de certos ecossistemas e de regiões inteiras da superfície da terra.

Sabemos agora que a capacidade dos ambientes naturais de reparar eventuais estragos não é infinita, em virtude da rapidez e da extensão das mudanças que impomos a eles. Hoje, as espécies estão desaparecendo a um ritmo de mil a 10 mil vezes superior ao ritmo natural, acarretando um empobrecimento da vida. Portanto, é preciso proteger com vigor a biodiversidade e os ambientes naturais para evitar qualquer catástrofe ecológica causada pela inconsciência de algumas pessoas e pela busca de lucros a curto prazo de outras.

Acidentes industriais

Todas as atividades industriais apresentam riscos: química, transporte, nuclear, ou ainda a fabricação, o armazenamento e o transporte de materiais perigosos, tóxicos ou explosivos. Em caso de vazamento, incêndio ou explosão, as conseqüências podem ser graves para as pessoas e para o meio ambiente. No mundo todo existem leis que reforçam a segurança com normas de fabricação, planos de intervenção e de socorro e informação aos empregados e à população vizinha. No entanto, ainda ocorrem acidentes, resultado de negligência, erros humanos ou disfunções técnicas.

Alguns acidentes no mundo

- 1974 – Uma explosão de gás destruiu uma indústria química em Flixborough (Inglaterra). Balanço: 28 mortos.
- 1976 – A explosão de uma indústria química em Seveso (Itália) liberou produtos tóxicos (dioxina). 750 pessoas foram evacuadas. Não houve mortes, mas aconteceram muitos abortos. 35 mil animais morreram.
- 1979 – Primeiro grande acidente nuclear em Three Mile Island (Estados Unidos). Não houve vítimas, mas o programa nuclear dos Estados Unidos foi interrompido durante dez anos.

- 1984 – Gases tóxicos escaparam de uma indústria de pesticidas em Bhopal (Índia). Balanço: 2 mil mortos.
- 1986 – Acidente na central nuclear de Chernobyl (ex-URSS). Ver abaixo.
- 2001 – Explosão de origem indeterminada na indústria química AZF de Toulouse (França). Balanço: 30 mortos, 2 mil feridos.

Chernobyl

Em abril de 1986, na Ucrânia (ex-URSS), um dos reatores da central nuclear de Chernobyl explodiu, liberando na atmosfera uma enorme quantidade de elementos radioativos. Bombeiros atacaram o fogo e, durante dez dias, quase 600 mil pessoas, conhecidas como "liquidadores", despejaram 5 mil toneladas de areia, argila e chumbo e enterraram o reator fumegante. Nas semanas seguintes, 31 deles morreram e milhares apresentaram câncer. 135 mil ucranianos foram evacuados, mas 4 milhões de pessoas ainda vivem na área contaminada, onde foram verificados muitos casos de câncer de tireóide.

O restante da Europa também foi contaminado. Levadas pelos ventos, as emissões radioativas se deslocaram ora para o norte, atingindo os países escandinavos, ora para o oeste, sobrevoando a Alemanha e a França, ora para o sul, na direção da Itália. Na maior parte desses países, a população foi informada e medidas de segurança foram tomadas (não consumir legumes, verificação da radioatividade na água e no leite). Na França, porém, durante três semanas as autoridades se recusaram a reconhecer que a nuvem havia ultrapassado as fronteiras do país e a radioatividade havia se depositado como pintas de onça, isto é, aqui e ali, ao sabor dos temporais, no leste e no sudeste. Por falta de dados iniciais sobre o número de casos de câncer antes da catástrofe (que é chamada de ponto zero), não sabemos precisamente qual foi o impacto sanitário da deposição radioativa na saúde dos habitantes dessas regiões.

Alguns acidentes no Brasil

- 1974 – Seis mil toneladas de óleo vazaram depois de um acidente com um petroleiro em São Sebastião (São Paulo). Primeiro grande acidente no Brasil.
- 1984 – Incêndio provocado pelo vazamento de um duto de combustível destruiu a Vila Socó, em Cubatão (São Paulo). Balanço: quase 100 mortos, contaminação dos manguezais.
- 1987 – A violação de um aparelho radiológico abandonado liberou césio 137, altamente radiativo, em Goiânia (Goiás). Balanço: quatro mortes, mais de 200 pessoas contaminadas.

- 2000 – 1,3 milhões de litros de óleo vazaram de um duto e atingiram ambientes naturais e pontos turísticos na baía da Guanabara (Rio de Janeiro). Outro acidente despejou 4 milhões de litros de óleo nos Rios Barigüi e Iguaçu (Paraná).
- 2003 – Rompimento de barragem jogou 1,2 bilhões de litros de resíduos tóxicos nos rios Pomba e Paraíba do Sul (Minas Gerais e Rio de Janeiro). Balanço: 600 mil pessoas sem água.
- 2007 – Outra barragem rompida despejou 2 bilhões de litros de lama num afluente do Paraíba do Sul. Balanço: 2.000 desabrigados, cinco cidades sem água.

Catástrofes naturais

Às vezes, as forças naturais da Terra se manifestam com violência. Deslizamentos de terra arrastam tudo em sua passagem: vilas, casas, plantações, às vezes matando centenas de pessoas. Quando os terremotos sacodem as cidades, os estragos são grandes: destruição de imóveis e de redes de distribuição de água, gás e eletricidade. As erupções vulcânicas lançam cinzas em brasa no ar ou espalham lava nas encostas, cobrindo ou queimando toda a vegetação ao redor.

A atmosfera também tem suas mudanças de humor: quando se formam ciclones, tempestades ou furacões, quando caem chuvas torrenciais, é melhor se abrigar bem, porque vai tudo pelos ares: casas, árvores, telhados, carros.

No Brasil, deslizamentos de terra ocorrem principalmente nas regiões montanhosas do sudeste, durante o verão, época das chuvas. Inundações ocorrem por todo o país. O país não está na rota dos furacões, mas em 2004 a costa de Santa Catarina foi atingida pelo furacão Catarina. Não existem vulcões, e os terremotos são de baixa intensidade, embora tenha havido uma morte em 2007, durante um tremor de terra no norte de Minas Gerais.

Furacões programados

Todos os anos, os mesmos deslocamentos de ar quente e úmido sobre os oceanos provocam furacões. Os meteorologistas costumam classificá-los por ordem de formação e em seguida batizá-los com nomes ingleses, franceses ou espanhóis, alternadamente. Isso é tradição desde 1979.

Desertificação

Os desertos estão crescendo. Um grande número de regiões áridas que margeiam os desertos também está se tornando deserto. A vegetação se torna tão fraca e a água se torna tão rara que é impossível viver ali. Essa desertificação ameaça cerca de 20% das terras do planeta (fonte: Centre National de la Recherche Scientifique). Esse fenômeno tem uma causa natural ou humana? Ambas, com toda a certeza. Na verdade, os desertos sempre evoluíram ao longo do tempo. De 4,5 mil a 6,5 mil anos atrás, uma parte do Saara era coberta de campos, como provam as pinturas rupestres dos maciços do Tassili e do Air (Argélia e Niger). Mas o ser humano também tem uma parte de responsabilidade nisso. Cortando a madeira para cozinhar e se aquecer, deixando cabras e ovelhas pastarem, explorando em excesso os solos e as águas para as suas plantações, ele destruiu a vegetação que permite fixar o solo fértil e constitui uma barreira natural contra o avanço das dunas.

Regiões ameaçadas

No Brasil, os estados da região Nordeste e o norte de Minas Gerais. No resto do mundo, o sul do Saara, as estepes da Ásia e da Europa oriental, certas planícies e pampas do continente americano (como os arredores do deserto do Atacama, no Chile), o sul da África, a Austrália, e também o entorno do Mediterrâneo, desde a Espanha até a Grécia. No total, a desertificação envolve sessenta países.

Desmatamento

Na América Latina, na África e no sudoeste asiático, grandes extensões de florestas equatoriais e tropicais estão desaparecendo: primeiro as árvores mais valiosas são cortadas pelas madeireiras, na maioria das vezes de forma ilegal e sem o plantio de mudas novas para reposição. Os caminhos abertos são então usados pelos fazendeiros, que derrubam e queimam o que restou da floresta, transformando-a em pastos e em áreas de agricultura. Além disso, a exploração de jazidas minerais (calcário, ferro, bauxita, manganês, ouro) lança muitos poluentes (mercúrio, lama) no ambiente, o que o fragiliza.

A destruição rápida de todas essas florestas levanta o problema da extinção de espécies animais e vegetais raras. É claro que a floresta sempre foi transformada em campos de cultivo que permitiram a sobrevivência de muitas famílias, mas em pequena escala e muito lentamente, o que permitia que ela se regenerasse. Com o crescimento da população humana, a necessidade de novas áreas de cultivo aumentou.

Infelizmente, ao cabo de uns poucos anos, a terra não produz mais o suficiente, porque o solo tropical é pobre e então é necessário derrubar novas parcelas de floresta. O ideal seria que se praticasse uma agricultura conhecida como agroflorestal: deixar muitas árvores de pé (elas fixam o solo e evitam a erosão pelas chuvas) e, sob essa proteção natural, fazer os plantios e até criar gado. A agricultura agroflorestal garante a produção de alimentos e produtos florestais (madeira, medicamentos) ao mesmo tempo em que permite maior biodiversidade e sustentabilidade.

Ao longo da história do Brasil houve muito desmatamento: 93% da Mata Atlântica, 17% da Floresta Amazônica, 57% do Cerrado já desapareceram. Atualmente, a destruição é mais intensa no chamado "Arco do Desmatamento", que vai de Rondônia ao Maranhão, passando pelo norte de Mato Grosso e leste do Pará. Mas ainda há muita coisa para ser protegida, e a região pode se tornar o "Arco do Desenvolvimento Sustentável"! (fonte: Ministério do Meio Ambiente).

Erosão

Um solo é erodido quando a terra fértil situada na superfície desaparece, carregada pelo vento ou pela água das chuvas. Esse solo não pode mais ser cultivado. A erosão é um fenômeno natural, mas também é desencadeado ou intensificado pela atividade humana, como o desmatamento, a pecuária ou a agricultura intensiva.

Nos países em desenvolvimento, como o Brasil, a erosão é causada principalmente pelos animais de criação, que eliminam a vegetação, e pelos agricultores, que derrubam, queimam o mato e as árvores para formar áreas de cultivo. Sem cobertura vegetal, as chuvas (em geral muito fortes nos trópicos) e os ventos carregam a terra.

Nos países industrializados, a erosão é freqüentemente causada pela destruição das cercas vivas (as raízes das árvores e dos arbustos não retêm mais a terra) e pela conversão de grandes planícies em áreas de cultivo (os ventos de inverno carregam a terra nua).

Eutrofização

A eutrofização é conseqüência de um tipo de poluição humana que, em alguns anos ou dezenas de anos, altera um lago ou uma represa.

O mecanismo da eutrofização é bem conhecido. O enriquecimento das águas em nutrientes (fosfatos, nitratos) favorece a produção de algas, plantas aquáticas e microrganismos que consomem o oxigênio dissolvido e, desse modo, torna o ambiente natural inóspito para os peixes, e no fim para qualquer forma de vida. Os sinais de eutrofização são evidentes: cor da água verde ou marrom, forte cheiro de vegetais em decomposição, peixes mortos flutuando na superfície.

Os principais responsáveis por essa evolução catastrófica, às vezes irreversível, são as águas servidas das cidades e os resíduos agrícolas lançados sem tratamento. Eles se concentram em quantidade excessiva em brejos, represas ou lagos e imediatamente decretam a morte biológica desses ambientes.

Inundação

Quando chove muito e durante muito tempo, a água dos rios transborda e cobre parte dos vales: isso é uma inundação. Esse fenômeno é natural, mas também se deve ao ser humano, que transforma as paisagens, diminui a capacidade do solo de reter a água (principalmente pelo desmatamento) e cria superfícies impermeáveis (estradas, estacionamentos, casas) que pioram o escoamento. As inundações chamam cada vez mais a nossa atenção porque existem cada vez mais construções em áreas que antes eram inundáveis.

Em certas regiões do planeta (oeste da África, sudeste da Ásia), ocorrem inundações todos os anos (Bangladesh, Índia, Nepal, Sri Lanka), um fenômeno causado pela monção de verão, que se manifesta por precipitações abundantes e contínuas de junho a setembro.

Fatores humanos que agravam as inundações

- Cimento e asfalto. No século XIX, as cidades se espalharam, fábricas foram construídas, estradas foram asfaltadas, as margens dos rios foram cimentadas. Resultado: a água das chuvas já não se infiltra tão bem na terra e junta-se rapidamente aos rios, correndo pelo cimento e pelo asfalto. Nas cidades brasileiras, ainda é comum a construção de grandes avenidas ao longo de córregos e rios, e quando eles transbordam criam problemas sérios ao trânsito.

- Práticas agrícolas erradas. Em muitas áreas, os plantios em encostas aumentam a velocidade de escoamento da água para os rios. É comum, ainda, que fazendeiros e sitiantes cortem as matas ciliares (que crescem ao longo dos rios), importantes para absorver a água da chuva e frear a velocidade das enxurradas. Os tratores e os equipamentos pesados também compactam a terra: a água penetra com mais dificuldade no solo e acaba engrossando os cursos de água.

Queimadas

Uma floresta queimada por ação de um raio é uma coisa natural e até necessária para a sua evolução. O fogo, quando acontece naturalmente, cria um novo equilíbrio entre as diferentes espécies vegetais, permite muitas vezes o aumento da biodiversidade ou o crescimento de novas plantas (as cinzas fertilizam a terra) e renova o estoque de elementos minerais nutritivos no solo, essenciais para o crescimento das plantas. No Cerrado, por exemplo, muitas plantas se renovam e até florescem em massa depois que o fogo passa.

Mas o fogo também destrói riquezas (florestas, cerrados e outros ambientes naturais, e também áreas de plantações). E os incêndios são muito perigosos para as pessoas que os combatem.

Muitos agricultores promovem queimadas, isto é, eles usam o fogo para "limpar" seus terrenos e eliminar a vegetação silvestre. Queimadas muito freqüentes esgotam os solos e impedem o crescimento da vegetação e a colonização dos animais. O fogo natural, que acontece muito raramente, nem sempre é uma catástrofe, mas as queimadas iniciadas pelas pessoas devem ser sempre denunciadas e combatidas.

As queimadas propositais infelizmente são muito comuns em nosso país, e atingem grandes extensões de florestas, cerrados e campos. Devido às queimadas, o Brasil é um dos maiores emissores mundiais de gases que provocam o efeito estufa, contribuindo para o aquecimento climático.

Seca

Uma seca corresponde a uma escassez de água: não chove, ou o que chove é insuficiente.

Esse fenômeno natural (comum nos desertos) às vezes é agravado localmente pela atividade humana, como a agricultura, que usa água em excesso, ou o desmatamento. Na verdade, as folhas das árvores retêm o vapor de água, cria uma atmosfera úmida e protege o solo de uma parte dos raios solares.

Desde 1968, um grande número de secas atingiu as zonas áridas da África do Norte, do Sahel (região do sul do Saara), da Ásia, da América do Sul e da Austrália. No Brasil, a região mais afetada pelas secas inclui os estados do Nordeste e a parte norte de Minas Gerais. Essas secas freqüentes são a principal causa da desertificação.

Tempestade

O vento se transforma em tempestade quando ultrapassa os 90 km/h. As fortes tempestades (com ventos de 150 a 200 km/h) arrancam telhados, desenraizam árvores, tombam carros. Essas manifestações climáticas extremas são mais freqüentes hoje do que no passado? Desde meados dos anos 1960, o número de tempestades aumentou, mas o planeta passou por períodos igualmente agitados, como no fim do século XIX.

Por ora, é difícil determinar se as tempestades atuais são devidas a variações naturais do clima ou ao aquecimento do planeta, causado pelas atividades humanas.

Terrorismo ecológico

Novas formas de terrorismo estão surgindo. Agora não são apenas as armas clássicas a base de explosivos que podem ser usadas; existem também as armas biológicas ou químicas, que têm um impacto muito maior no espaço e no tempo. Regiões inteiras poderiam ser contaminadas por bactérias patogênicas, por exemplo: redes de distribuição de água potável de grandes cidades infectada e tornada imprópria para o consumo humano, sem falar das famosas "bombas sujas", que espalham resíduos radioativos durante um longo período de tempo. A imaginação destrutiva do ser humano não tem limites.

Alguns exemplos

- Em 1995, a seita japonesa Aum realizou um ataque com gás sarin no metrô de Tóquio, um tóxico letal que destrói o sistema nervoso. Balanço: 12 mortos e 5 mil feridos.
- Em 2001, nos Estados Unidos, esporos de antraz – uma bactéria da qual certas cepas desencadeiam graves doenças pulmonares – foram enviados por correspondência anônima a algumas personalidades (um jornalista morreu).

Energia

“Não podemos comandar a natureza
se não obedecermos a ela.”

Francis Bacon (1561-1626)

A energia utilizada na forma de eletricidade, combustível ou calor é indispensável para a atividade humana. Todos os veículos, máquinas e aparelhos que permitem conforto, deslocamento, produção de bens, utilizam energia tirada do petróleo, do gás, do carvão, do urânio e do Sol. Mas as reservas de energia existem em quantidade limitada no subsolo da Terra. Apenas o Sol ainda brilhará por alguns bilhões de anos. Ora, as necessidades das pessoas crescem com a população. Hoje nós somos 6 bilhões, em 2050 nós seremos 9 bilhões e em 2100, entre 10 bilhões e 12 bilhões.

Para não parar por falta de energia, precisamos evitar os desperdícios, desenvolver energias renováveis ou até inventar outras formas de produzir energia.

O desafio energético será, sem dúvida, um dos maiores do século XXI.

Barragem

Uma barragem é uma construção de concreto ou de terra que retém a água de um rio, criando um lago artificial. Controlando a liberação da água, podemos produzir eletricidade. Essa energia é chamada hidrelétrica. As grandes usinas hidrelétricas (UHEs) geralmente se situam nas cabeceiras dos rios, em regiões mais altas. Ao longo do rio estão as chamadas usinas a fio-d'água (nas quais a água passa continuamente pelas turbinas), além das miniusinas conhecidas como PCHs (pequenas centrais hidrelétricas) instaladas nas corredeiras ou nas pequenas cachoeiras.

O potencial brasileiro para geração de energia hidrelétrica é um dos maiores do mundo. Cerca de 90% da eletricidade que consumimos vem das usinas hidrelétricas.

Vantagens

A energia produzida por uma barragem é renovável, porque o lago é alimentado continuamente pela chuva e pelos cursos de água que deságuam nele. A duração de vida de uma barragem bem conservada ultrapassa os cem anos. Em geral considera-se que ela não é poluente, porque não há produção de resíduos; no entanto, sob certas condições, pode haver liberação de gases de efeito estufa.

Desvantagens

O lago artificial inunda áreas silvestres e agropecuárias, e às vezes até cidades. Também altera os ecossistemas aquáticos. A regulação da vazão do rio favorece a multiplicação de aguapés e outras plantas flutuantes, que asfixiam o ambiente aquático, privando-o de oxigênio. Na Amazônia, o impacto das barragens é grande, pois os lagos inundam grandes áreas de floresta e prejudicam muitas espécies de peixes migratórios.

Há também impactos sociais e culturais, pois as populações ribeirinhas são deslocadas pelo enchimento do lago. A barragem de Três Gargantas, inaugurada em 2002 na China, obrigou mais de 2 milhões de chineses a abandonar suas casas. A barragem de Assuã (Egito) inundou o local onde se situava o templo de Abu Simbel, que foi desmontado pedra por pedra e remontado fora do alcance das águas.

Soluções

As PCHs podem representar uma alternativa às grandes barragens, porque em geral têm impacto ambiental muito menor e custam muito menos.

Biocombustível

Colocar cana-de-açúcar, milho ou beterraba no motor do carro ou da moto? Pois funciona! Essas plantas contêm grandes quantidades de açúcar:

podemos transformá-lo em álcool que, misturado com gasolina, produz um combustível de qualidade. Os brasileiros são os campeões do mundo em biocombustíveis desde 1975, produzindo álcool combustível a partir da cana-de-açúcar.

Vantagens

Os biocombustíveis poluem menos a atmosfera, permitem o uso de menos petróleo. É um combustível "verde".

Desvantagens

As áreas imensas usadas para o plantio da cana-de-açúcar são verdadeiros desertos verdes, onde pouquíssimas espécies silvestres de plantas e animais conseguem sobreviver. Adubos químicos são usados com freqüência para cultivar as plantas que dão origem ao biocombustível. Eles são uma fonte de poluição para o solo e para a água. Os resíduos gerados na produção do biocombustível também são altamente poluentes.

Carvão

O carvão é um combustível natural (ele queima e libera calor) que provém da decomposição de árvores e de vegetais enterrados no subsolo há milhões de anos. No século XIX, e até o início dos anos 1960, o carvão extraído das minas era muito utilizado na Europa e nos Estados Unidos pelas indústrias, pelos trens, pelos barcos e para aquecer as casas, o que gerava uma poluição terrível nas cidades. Na verdade, o carvão emite gases tóxicos (dióxido de enxofre, óxidos de carbono) e minúsculas partículas que causam sérios problemas respiratórios.

Com exceção das minas a céu aberto, a extração do carvão em minas é perigosa por causa da profundidade das galerias, das explosões devidas ao gás e das condições de trabalho dos mineiros, que muitas vezes sofrem de silicose (grave doença respiratória provocada pela presença de poeira nos pulmões).

Vantagens

É uma fonte de energia mais barata que as outras, com reservas abundantes (provavelmente mais de dois séculos), fácil de usar e muito apreciada pelos países pobres.

Desvantagens

A combustão do carvão libera gases poluentes no ar, perigosos para as pessoas e para a Terra, porque contribuem com o aquecimento do planeta.

Coletor solar e painel solar fotovoltaico

Os coletores solares, instalados nos telhados das casas, fornecem água quente e alimentam o sistema de aquecimento da casa, porque os raios solares aquecem diretamente a água que passa por eles.

Os painéis solares fotovoltaicos também usam energia solar, mas exploram a propriedade de um material chamado silício, que tem a capacidade de produzir eletricidade quando é iluminado. Essa tecnologia foi desenvolvida primeiro para satélites. Hoje, ela é menos cara e, graças a pequenas células fotovoltaicas, é utilizada no dia-a-dia para fazer funcionar relógios, calculadoras e aparelhos de rádio. Instalados nos telhados ou na fachada das casas, os painéis solares fotovoltaicos permitem abastecer de eletricidade uma residência.

Vantagens

Produção direta de eletricidade, sem resíduos poluentes. Abastecimento de locais isolados, distantes das redes de distribuição. Autonomia das residências.

Desvantagens

Sua fabricação exige semicondutores caros e dificilmente recicláveis. Instalação complexa (painéis + eletrônica + baterias) e frágil. Produção intermitente de baixa qualidade.

Consumo energético

A vida diária é consumidora de energia: dos transportes aos utensílios domésticos, do videogame à televisão. Nas casas, nos escritórios, nas empresas ou nas fazendas, eletricidade, petróleo, gás natural e madeira permitem iluminar, pôr as máquinas em funcionamento, produzir calor e frio, fabricar objetos, produzir alimentos ou criar animais em confinamento.

No planeta, 20% da população consome 80% da energia! Esses devoradores de energia são os habitantes das regiões mais industrializadas: Europa, América do Norte, Austrália, Japão, Hong Kong, Singapura.

A demanda global por energia poderá aumentar 50% em 20 anos com a duplicação do consumo de eletricidade. Em 2000, o consumo energético mundial era de 9 Gtep (bilhões de toneladas equivalentes de petróleo). Em 2020, ele poderá atingir 16 Gtep.

Economia de energia

Existem no mínimo três boas razões para economizar energia.

- A maior parte das energias fósseis do nosso planeta é esgotável (petróleo, carvão, gás).
- Consumir menos é poluir menos. Menos combustível ou menos eletricidade é menos gases poluentes lançados na atmosfera, especialmente os gases de efeito estufa, que participam do aquecimento do planeta e da alteração do clima.

- Menos eletricidade consumida é também menos resíduos produzidos pelas usinas termelétricas ou nucleares.

Seis dicas para economizar combustível

- Evitar o uso de carro ou motocicleta para percorrer distâncias curtas. No primeiro quilômetro, um veículo consome 50% de combustível a mais, e pôr o motor em marcha representa mais de 50% do seu desgaste.
- Dar preferência aos transportes públicos.
- Praticar a carona solidária, usando um carro só para várias pessoas em trajetos rotineiros (escola, escritório).
- Dirigir com calma, sem ultrapassar os limites de velocidade permitidos. Uma direção "esportiva" representa um sobreconsumo de combustível (até 40% a mais). Rodar a 125 km/h em vez de 110 km/h consome 20% a mais de combustível.
- Não deixar o motor em funcionamento se o tempo de parada for longo.
- Fazer a manutenção do veículo. Má regulagem do arranque e do carburador, óleo velho e pneus baixos aumentam o consumo de combustível.

Nove dicas para economizar eletricidade

- Apagar as luzes ao sair de um aposento.

- Seja rápido ao tomar banho. O chuveiro elétrico é o aparelho que mais consome energia numa residência, de 25 a 35% do valor da conta!
- Verificar se a temperatura está entre 5ºC e 8ºC no interior da geladeira e em -18ºC no congelador, nunca menos do que isso. Descongelar o congelador a cada três meses: com 4 milímetros de gelo, o consumo de eletricidade dobra.
- Evitar o uso de secadoras de roupa elétricas, principalmente se você tem quintal e varal, porque as secadoras são muito gulosas e podem corresponder a boa parte do consumo anual de eletricidade.
- Desligar a função *stand-by* quando usar raramente certos aparelhos eletrônicos.
- Eliminar as lâmpadas halógenas, verdadeiras devoradoras de energia.
- Preferir as lâmpadas de baixo consumo (fluorescentes). Apesar de mais caras na compra, elas duram de cinco a dez vezes mais e consomem quatro vezes menos.
- Ao comprar uma geladeira, um *freezer* ou uma máquina de lavar, escolher aparelhos que consomem pouca energia (identificados pelo selo de eficiência do Inmetro/Procel).
- Ao usar ar-condicionado, mantenha janelas e portas fechadas, evitando entrada do ar

externo. Desligue o aparelho se não houver ninguém no aposento.

Eletricidade

Aproximadamente 3 bilhões de pessoas (ou seja, um em cada dois habitantes do planeta) vivem sem eletricidade. A maioria vive no interior dos países em desenvolvimento que não têm recursos para construir redes de distribuição elétrica, usinas ou barragens. Sem eletricidade, a vida é mais difícil: não há geladeira para conservar os alimentos, não há luz para trabalhar ou estudar à noite. Algumas famílias e cidades geram sua própria eletricidade com o auxílio de geradores. Mas essas máquinas funcionam com petróleo, caro e nem sempre disponível. Os geradores eólicos e os painéis solares são soluções mais adequadas, mas ainda muito caras, tanto que poucos países ou pessoas podem pagar por essas tecnologias.

Energias fósseis

O petróleo, o gás natural e o carvão são energias fósseis porque provêm da decomposição de vegetais e de animais enterrados no subsolo do nosso planeta há milhões de anos. As reservas de energias fósseis são muito escassas para a escala da história da humanidade: 60 anos de reservas de petróleo, 65 anos de reservas de gás natural,

80 anos de reservas de urânio e 250 anos de reservas de carvão, no estado em que são conhecidas e no ritmo atual de consumo.

O esgotamento das energias fósseis é previsível desde já, porque nós sabemos que sua capacidade de renovação é bem inferior ao ritmo do consumo mundial. A natureza levou 250 milhões de anos para fabricar petróleo. Nós somos capazes de esgotá-lo em menos de 100 anos. É por essa razão que pesquisas ativas estão tentando encontrar soluções alternativas, já que, ao mesmo tempo em que as reservas diminuem inexoravelmente, as necessidades aumentam sempre!

Energia nuclear civil

A energia nuclear é produzida por uma reação entre os núcleos dos átomos* (nuclear vem de núcleo). Para isso, é aproveitada a instabilidade de certos átomos radioativos, como o urânio, um mineral naturalmente presente na Terra, ou o plutônio, um elemento que não existe em estado natural. Esses núcleos instáveis, quando bombardeados por partículas (nêutrons), provocam uma reação em cadeia que libera muito calor. Esse calor é usado para produzir eletricidade.

Dicionário

* Os átomos são os tijolos primários da matéria. Água, ar, rochas, plantas, animais e seres humanos são todos compostos por bilhões de bilhões de átomos.

Duas usinas nucleares, Angra I e Angra II, estão em operação no Brasil e produzem 3% da energia elétrica consumida no país. Uma terceira (Angra III) está sendo instalada, embora seja um projeto bastante polêmico.

Vantagens

A energia nuclear produz uma energia muito concentrada (1 grama de urânio produz tanta energia quanto 1 tonelada de carvão) e, além disso, não lança gases poluentes na atmosfera.

Desvantagens

Acidentes numa usina nuclear podem ser trágicos se elementos radioativos escaparem para a atmosfera, como no caso de Chernobyl.

Os resíduos radioativos produzidos por essa indústria são perigosos porque emitem radiações que podem ser fatais para as pessoas. Sua nocividade diminui com o tempo, mas só se torna negligenciável depois de dezenas, centenas, milhares e até bilhões de anos, conforme o tipo de resíduo produzido. Todos os países que usam energia nuclear buscam ativamente soluções para o tratamento dos resíduos a longo prazo.

Energias renováveis

As energias renováveis vêm de elementos naturais inesgotáveis: vento, sol, água e materiais que podem se renovar, como a lenha ou os biocombustíveis Elas se contrapõem às energias fósseis, que existem em quantidade limitada.

A energia solar pode ser utilizada continuamente e durante muito tempo ainda, já que o Sol brilhará por 5 bilhões de anos! O mesmo vale para o vento, as ondas, a água dos rios.

Hoje, novas instalações estão vindo ao mundo. Os painéis solares fotovoltaicos transformam diretamente os raios solares em eletricidade para alimentar *freezers* e geladeiras em casas afastadas, bombas de água nos desertos, placas de sinalização nos campos, lâmpadas nos abrigos de alta montanha e cada vez mais casas nos países nórdicos. Os captadores solares passivos usam o calor do sol para gerar água quente. Os geradores eólicos usam o vento para movimentar suas turbinas e alimentar a rede de distribuição elétrica.

A energia das quedas de água, das marés e das ondas pode ser usada para produzir eletricidade. Essa é atualmente a mais eficiente das energias renováveis exploradas. A energia das correntes marítimas também é recuperável com o auxílio, por exemplo, de um "gerador hidrelétrico", uma turbina especial de cerca da 15 metros de diâmetro que é interligada à terra por meio de um cabo submarino. As pás giram lentamente, de dez a vinte voltas por minuto, e não perturbam a fauna marinha.

O calor do subsolo também poder ser aproveitado por usinas geotérmicas, que usam a água quente do subsolo para gerar eletricidade e aquecer diretamente as casas.

Por fim, a biomassa (a madeira e todos os vegetais) também pode ser queimada para se obter calor e eletricidade.

Gás natural

O gás natural formou-se lentamente, há cerca de 100 milhões de anos, a partir da decomposição de vegetais e de animais depositados no fundo dos lagos e dos mares e, em seguida, cobertos por terra e rocha.

Ele fica preso entre as camadas geológicas impermeáveis. Perfurando um poço, permitimos que ele escape; em seguida o recuperamos e o transportamos por meio de gasodutos (tubulação que atravessa uma região) ou em navios especiais, os navios gaseiros, na forma líquida comprimida.

Quando queima, ele produz calor, não libera partículas e quase nenhuma substância tóxica, mas deve ser manipulado com cuidado, por causa dos riscos de explosão.

Gerador eólico

Antigamente, as pessoas usavam moinhos de vento para moer os grãos e bombear água dos rios. Hoje, nós construímos geradores eólicos, geralmente uma hélice com três pás colocada no alto de um mastro, para produzir eletricidade ou, em certas regiões onde não há eletricidade, bombear água subterrânea. A orla marítima ou o topo das colinas são os melhores lugares para instalar um gerador eólico, que tem mais de 100 metros de altura. Alguns são construídos em alto-mar, como na Dinamarca. Os dinamarqueses são os primeiros do mundo em energia eólica: 10% da eletricidade do país. O Brasil tem grande potencial eólico e já existem vários geradores em funcionamento, especialmente no Nordeste.

Vantagens

Os geradores eólicos não poluem.

Desvantagens

Eles não funcionam quando não há vento. Situados perto de prédios residenciais ou de escritórios, o som agudo que eles emitem pode ser incômodo. Para algumas pessoas, eles desfiguram a paisagem. Para evitar esses inconvenientes, há alguns anos vêm sendo construídos geradores eólicos em alto-mar (geradores eólicos *off-shore*), onde o vento é forte e regular.

Petróleo

O petróleo, presente no subsolo da Terra, é um óleo formado a partir da decomposição de pequenos animais marinhos. Transformando o petróleo bruto, nós obtemos gasolina e diesel, mas também piche para pavimentar estradas e inúmeros subprodutos, entre eles o plástico. Portanto, o petróleo (também chamado de "ouro negro") é um importante recurso natural para o ser humano, que aprendeu a usá-lo para se aquecer, se deslocar e fabricar uma grande quantidade de produtos ou objetos.

Ele também é uma fonte de conflitos, por causa dos interesses econômicos que representa para países produtores e consumidores. Sem dúvida, nos próximos anos essa situação vai piorar com a rarefação das reservas de petróleo, porque o esgotamento das jazidas será efetivo daqui a sessenta anos.

O petróleo é fonte de poluição por causa das marés negras e das lavagens de tanque clandestinas que espalham, em pleno mar e em seguida nos litorais, milhares de toneladas de petróleo viscoso.

Pilha de hidrogênio ou pilha de combustível

As pilhas de hidrogênio geram diretamente eletricidade a partir de um combustível rico em hidrogênio (hidrogênio gasoso puro, gás natural ou petróleo) e liberam apenas água. Esse tipo de gerador de eletricidade de funcionamento totalmente ecológico foi usado nos anos 1960-70 para alimentar os instrumentos de bordo dos satélites habitados, como na missão Apolo. Mas, por enquanto, ele ainda é muito caro para ter espaço na vida cotidiana. Alguns exemplares foram instalados a título de teste para abastecer de eletricidade um quarteirão, o motor de um carro e aparelhos como computadores e telefones celulares. Ainda serão necessários uns dez anos de pesquisa para que seu uso se generalize.

Vantagens

A pilha de hidrogênio é silenciosa e não polui.

Desvantagens

A distribuição e o armazenamento do hidrogênio (extremamente explosivo) são complicados. Até hoje, e seja qual for o procedimento que se use, é preciso consumir muita energia para obter hidrogênio. Logo, o lucro ecológico global ainda não é interessante.

Radioatividade

A radioatividade é um fenômeno natural. Trata-se de raios emitidos pelos átomos, esses pequenos elementos que compõem a matéria. A radioatividade está em toda parte à nossa volta, no solo, no ar e na água. Mesmo o nosso corpo emite radiação radioativa!

No interior da Terra, essa radioatividade se manifesta por reações que liberam uma grande quantidade de calor, e é esse calor que torna o planeta habitável. Ela também está presente no centro das estrelas: a fissão* do hidrogênio produz luz e calor (o melhor exemplo vem do Sol) e a estrela, ao final de sua vida, produz em seu interior novos elementos que depois vão formar grandes nuvens de gás e poeira e flutuar no universo, preludiando novos sistemas solares.

Existe também uma radioatividade artificial, criada pelo ser humano. Ela é usada nos hospitais para eliminar tumores cancerosos e observar o funcionamento dos órgãos no interior do corpo. Na indústria, as reações provenientes da radioatividade permitem a fabricação de novos materiais, como selos invioláveis para obras de arte. Nos laboratórios, a radioatividade é um modo muito comum de realizar medidas e análises.

Em doses pequenas, ela não é perigosa, mas em doses grandes ela provoca distúrbios sanguíneos e digestivos, queimaduras e vários tipos de câncer, e pode levar à morte. Os elementos radioativos são cuidadosamente controlados e monitorados para evitar acidentes, em particular os resíduos gerados pelas usinas nucleares.

Dicionário

* Fissão é a explosão do núcleo de um átomo, o que libera muito calor.

Usina elétrica

Uma usina elétrica é uma usina que produz eletricidade. Existem três grandes famílias delas: as usinas termelétricas, que queimam combustíveis fósseis (petróleo, gás natural, carvão); as usinas nucleares, que utilizam a fissão do átomo do urânio; e as usinas hidrelétricas, que geram energia quando a água dos rios passa pelas turbinas.

Poluição

"A sabedoria da terra
é uma cumplicidade total
entre o homem e seu ambiente."

Pierre Jakez Hélias (1914-1995)

A poluição é um fenômeno relativamente recente; a partir da era industrial, ela invadiu o planeta inteiro. Existem diferentes tipos de poluição: química (produtos tóxicos lançados no meio ambiente), biológica (vírus ou bactérias), visual (quando uma construção enfeia uma paisagem) e sonora (quando o sossego de um lugar é perturbado pelo barulho de máquinas ou de pessoas).

De onde vem a poluição?

- *No ar:* dos veículos, das indústrias, de queimadas, dos incineradores de lixo doméstico, da fumaça das termelétricas.
- *Nos rios:* dos esgotos, da agricultura, das fábricas, dos veículos, das minas (os gases e as partículas são transportados pelas chuvas).
- *Nos mares e nos oceanos:* dos resíduos dos navios ou dos naufrágios, dos esgotos, das indústrias, da agricultura.
- *No solo:* da agricultura, de certas indústrias.

Os efeitos da poluição

- A poluição pode provocar doenças nos vegetais, nos animais e nas pessoas.
- Ela pode romper o equilíbrio natural de certos ecossistemas, ou mesmo destruí-los.

Amianto

O amianto é uma rocha naturalmente fibrosa de propriedades excepcionais. Fácil de explorar, não queima, é isolante térmico e sonoro, resiste a numerosas agressões químicas e mecânicas. Há muito tempo vem sendo usado na fabricação de pisos, tetos, divisórias, telhas, isolantes de caldeiras, pastilhas de freios e portas corta-fogo. Mas ele apresenta um perigo. Uma vez inaladas, suas minúsculas fibras penetram no fundo dos pulmões e provocam câncer (pleura*, pulmão, laringe). Os mais atingidos são os mineiros e os operários que têm contato direto com as fibras. Em compensação, há muito pouco risco para as pessoas que moraram ou moram em construções que contenham amianto (desde que o material não se despedace).

O uso dessa fibra mineral como isolante diminuiu consideravelmente nos países desenvolvidos desde os anos 1970. Nos Estados Unidos, a exploração de minas de amianto foi interrompida em 2002 e a proibição total está sendo discutida. A França, assim como a Alemanha, a Áustria, a Suíça e os países escandinavos proibiram o amianto em usos domésticos e industriais. No

Dicionário

* Pleura é a membrana que envolve os pulmões.

Brasil, porém, o amianto não só continua sendo utilizado em caixas d'água e telhas, como sua produção está em expansão.

Aterro

Um aterro é um lugar onde se armazenam resíduos. Os chamados aterros sanitários são planejados e construídos com todos os cuidados para evitar qualquer tipo de poluição e riscos para as pessoas. Neles, o solo, naturalmente ou artificialmente impermeável, impede que a água da chuva leve para o subsolo elementos tóxicos (principalmente metais pesados) contidos nos resíduos e polua os lençóis freáticos. Infelizmente, só 14% do lixo produzido no Brasil vai para os aterros sanitários.

A maior parte vai parar em aterros comuns, chamados lixões, onde o lixo fica exposto, causa contaminação das águas e do solo, produz gases tóxicos (como o metano, um dos gases do efeito estufa) e põe em risco a saúde humana.

A situação brasileira melhorou nos últimos anos, com o melhor controle dos aterros e as práticas de reciclagem, mas ainda é grave, principalmente nas regiões mais pobres do país e na periferia das cidades.

Barulho

Em casa, no trabalho ou na escola, passando por vias públicas ou em momentos de lazer, estamos sempre envolvidos por uma barulheira suportável para o organismo até certo nível, mas muito nociva quando vai além dele. O nível sonoro aceitável para os ouvidos humanos é de 85 dB durante 8 horas por dia, por exemplo, no trabalho. Acima de 90 dB (alarme de carro, cortador de grama), o sistema auditivo perde pouco a pouco a acuidade. Se o nível sonoro perdura, ocorre uma surdez irreversível, que se agrava com a idade.

Barulho demais (tráfego, música e televisão muito altas, ruído de vizinhos, sirenes, máquinas, aviões) provoca estresse, insônia e cansaço, além de problemas de saúde. Os mais atingidos são os moradores das cidades.

Em ambiente escolar, assim como em ambiente profissional, o barulho pode se tornar preocupante, mas algumas medidas anti-ruído (escolha de materiais e revestimentos absorventes, divisão dos espaços) são muito eficazes. Nas escolas, menos barulho significa que as crianças são menos agressivas, dialogam mais entre si e com os professores, comem melhor na cantina e permanecem mais tempo concentradas nos estudos.

Biodegradável

Os resíduos de origem animal ou vegetal (cascas, galhos e folhas, papéis, excrementos, madeira, algodão), também chamados de resíduos orgânicos, decompõem-se naturalmente. Em algumas semanas ou em alguns meses, eles desaparecem por ação da água, do ar e do sol, mas também de insetos, vermes, fungos ou microrganismos, como as bactérias. Dizemos que eles são biodegradáveis. Ao contrário, outros materiais, como os metais (aço, alumínio), os plásticos e o vidro, demoram muito tempo para se degradar. Eles são chamados de resíduos inertes.

Tempo médio para a decomposição total

- Papel: 3 meses.
- Casca de banana: 3 a 6 meses.
- Filtro de cigarro: 1 a 2 anos.
- Chiclete: 5 anos.
- Copo ou saco de plástico: 100 a 1.000 anos.
- Lata de aço: milhares de anos.
- Garrafa de vidro: centenas de milhares ou até de milhões de anos.

Camada de ozônio

O ozônio é um gás naturalmente presente na atmosfera. Ele forma uma fina camada protetora, entre 20 e 40 quilômetros de altitude, que detém os raios ultravioletas, muito perigosos para plantas, animais e pessoas. Esses raios vindos do Sol provocam doenças graves: câncer de pele, lesão nos olhos etc.

No início dos anos 1980, os cientistas perceberam que os gases usados nas geladeiras, nos condicionadores de ar e nas bombas aerossóis e até o cultivo do arroz e a fermentação dos alimentos no estômago dos ruminantes (isto é, o arroto das vacas!) são responsáveis pelo desaparecimento dessa camada de ozônio que protege a vida. Formaram-se buracos acima do pólo Sul e do pólo Norte. Em 1987, 170 países reunidos em Montreal (Canadá) assinaram uma convenção para substituir esses gases por produtos químicos inofensivos ao ozônio. Em 2000 acreditava-se que os buracos tinham parado de aumentar, mas em 2006 o buraco que existe sobre o pólo Sul atingiu tamanho recorde. Caso a ser acompanhado.

Não confundir

O ozônio pode ser tanto bom como ruim. Ele é benéfico quando se encontra nas camadas altas da atmosfera: aí ele forma um véu protetor para o nosso planeta (camada de ozônio). Ele é maléfico quando está no ar que respiramos.

Chuvas ácidas

Uma chuva é chamada de ácida quando transporta com ela certos poluentes, gases ácidos lançados no ar por usinas a carvão, carros, caminhões, certas indústrias químicas e incineradores de lixo doméstico. Transportados pelo vento por várias dezenas ou centenas de quilômetros, esses gases se depositam na terra com a chuva, o nevoeiro, o orvalho. Eles são nefastos para os lagos e para as florestas e atacam até as pedras das construções. Nos lagos, chegam a matar as plantas e os peixes. Em países temperados, esses gases são perigosos principalmente para as árvores resinosas, como os pinheiros e outras coníferas. Eles atacam as raízes, as agulhas caem e as árvores morrem. No Brasil, as chuvas ácidas ocorrem onde há muita poluição industrial e nas metrópoles. Por exemplo, a poluição de Cubatão foi carregada pelos ventos e causou grande dano à mata atlântica da serra do Mar, no estado de São Paulo.

Para evitar as chuvas ácidas, devemos usar combustíveis não-poluentes e filtros que limpem a fumaça.

CO_2 (gás carbônico)

O CO_2 é um gás naturalmente presente na atmosfera. Ele vem dos vulcões e da respiração das plantas e dos animais. Ao lado de outros gases, ele participa do efeito estufa, esse fenômeno natural que regula a temperatura do nosso planeta.

Mas ele é igualmente produzido e lançado pelo ser humano, que queima petróleo, gás natural, madeira, carvão. Assim, desde o início da revolução industrial, há cerca de dois séculos, a quantidade de CO_2 na atmosfera aumentou 30%. Esse aumento preocupa os cientistas, porque está acarretando o aquecimento do planeta e talvez uma mudança climática nos próximos anos, por causa do efeito estufa. Controlar a liberação de CO_2 é dar tempo para encontrarmos soluções para esse aquecimento planetário que pode se revelar catastrófico.

Como reduzir a liberação de CO_2 na atmosfera?

- Privilegiar as energias que não liberam CO_2 (solar, eólica, hídrica, geotérmica, nuclear).
- Ampliar os transportes públicos.
- Acabar com o desperdício de energia (lâmpadas de baixo consumo, desligar aparelhos elétricos).

Compostos Orgânicos Voláteis (COV)

Os compostos orgânicos voláteis são poluentes presentes nas casas e liberados pelos materiais de construção: tintas, vernizes, madeira do telhado e do assoalho, tapetes etc., às vezes durante meses ou anos.

O uso de aerossóis (inseticidas, desodorantes, tintas etc.), as colas, os produtos de limpeza (detergentes, decapantes, descolantes, diluentes, álcool, terebintina etc.), o cozimento de alimentos e o cigarro também liberam COV na atmosfera interna.

Nas ruas, o tráfego também é uma grande fonte de COV, mas geralmente a concentração de COV dentro das casas é superior à do ambiente externo. É difícil levá-la em conta no combate à poluição do ar, porque as fontes de emissão são muito diversas.

Uma concentração muito elevada de COV provoca irritações cutâneas e reações alérgicas. São as crianças pequenas que apresentam mais riscos, porque seu aparelho respiratório, que não está completamente desenvolvido, ainda é frágil.

Para evitar qualquer risco, reduzir o uso desses produtos e principalmente arejar a casa com freqüência para renovar o ar.

No ambiente externo, os COV entram na poluição atmosférica formando o *smog*, uma espécie de névoa de poluição que ataca não só os pulmões dos seres vivos como também a vegetação.

Efeito estufa

Nosso planeta se assemelha a uma estufa de jardim ou a um carro deixado ao sol. A luz atravessa os vidros e esquenta seu interior. No caso da Terra, os raios solares passam através da atmosfera, esquentam o solo, a água e as plantas, mas esse calor não é capaz de sair. Ele se acumula, e o tempo esquenta.

Sem esse efeito natural benéfico, a temperatura média na superfície da Terra não seria +15ºC, mas sim -18ºC!

O efeito estufa se deve a certos gases naturais (CO_2, metano, vapor de água) e à atividade humana (CO_2 industrial, queimadas, gás das bombas aerossóis e das geladeiras). Se o calor retido permitiu o surgimento de climas acolhedores para a vida e para o ser humano, o efeito estufa antrópico, isto é, ligado às atividades humanas, vem acelerando o aquecimento climático há dois séculos: o ciclo das estações, as precipitações e os ventos estão mudando. Com alguns graus centígrados a mais, o nível dos oceanos aumentará e inundará o litoral e as ilhas mais baixas, regiões inteiras se tornarão desertos antes que os habitantes tenham tempo de encontrar saídas para sobreviver. Se somos todos responsáveis pelo aumento do efeito estufa, também podemos participar da sua diminuição. Separar resíduos, usar transportes públicos, produzir e consumir produtos ecologicamente corretos, economizar água e eletricidade, privilegiar as energias renováveis e comprar com consciência têm efeitos positivos no ar, no solo, na água, nos recursos naturais e na biodiversidade, e tendem para um desenvolvimento sustentável.

Guerra

Além das vítimas humanas, as guerras muitas vezes têm conseqüências trágicas para o meio ambiente, isto é, tanto para as pessoas quanto para os lugares onde elas vivem, ainda mais que as armas estão cada vez mais sofisticadas e podem ter conseqüências a longo prazo.

Por exemplo, no Vietnã, de 1962 a 1971, para desemboscar os combatentes inimigos refugiados entre as árvores, o exército dos Estados Unidos destruiu um quinto das florestas e um terço dos mangues com produtos químicos.

Em 1991, na Guerra do Golfo, 630 poços de petróleo do Kuwait foram incendiados pelo exército iraquiano, provocando uma gigantesca poluição no solo, no mar e no ar. Os poços, extremamente difíceis de apagar, queimaram durante meses, dispersando fumaça por milhares de quilômetros.

Entre 1945 e 1995, mais de 1900 testes nucleares foram realizados por seis Estados (Estados Unidos, Rússia, Reino Unido, França, China e Índia) na atmosfera, no espaço e debaixo do mar.

Por fim, estima-se em 65 milhões as minas antipessoais espalhadas no mundo.

Armas nucleares

A energia nuclear também serve para fabricar bombas que, quando explodem, produzem um deslocamento de ar gigantesco, capaz de destruir cidades inteiras. Essas bombas também espalham no ar elementos radioativos fatais para as pessoas. As duas primeiras bombas atômicas foram lançadas pelos Estados Unidos em 1945 contra as cidades japonesas de Hiroshima e Nagasaki. Elas fizeram centenas de milhares de mortes e obrigaram o Japão a capitular. Depois disso, outros países, entre eles a França, fabricaram suas próprias bombas atômicas, mas felizmente não as usaram em conflitos. Hoje, cerca de quinze nações possuem bombas atômicas. Desde 1995, elas não têm mais o direito de realizar testes nucleares, mas Índia e Paquistão fizeram testes em 1998. Em 2006, a Coréia do Norte também realizou um teste nuclear, causando preocupação no mundo todo.

Instrumentos de medida e bioindicadores

A poluição é reconhecida quando seus efeitos negativos são medidos. Muitos instrumentos automáticos de medida foram desenvolvidos para verificar a acidez das águas, a concentração dos poluentes no ar (CO_2, ozônio, partículas, óxidos de nitrogênio) e na água (resíduos de pesticidas, nitratos, fosfatos). A poluição total de um local também pode ser avaliada através de "indicadores biológicos", um conjunto de espécies vivas cuja presença ou ausência no ambiente indica se ele se tornou tóxico. Por exemplo, muitos invertebrados aquáticos (insetos, caracóis, vermes, crustáceos) são sensíveis à poluição, e os cientistas sabem que um rio ou lago está poluído quando estudam a sua fauna e não acham essas espécies, só as mais resistentes. Várias espécies de borboletas só vivem em florestas bem conservadas. Nos cerrados, diferentes espécies de moscas-das-frutas podem indicar que o ambiente foi alterado pelo ser humano.

O monitoramento do meio ambiente tornou-se um campo muito importante, que permite dar o alarme quando ele se degrada. As redes de monitoramento da qualidade do ar existem em várias cidades brasileiras e indicam diariamente os níveis de poluição e as previsões para os dias seguintes.

Lavagem de tanques

Fala-se muito das marés negras, mas existem outras formas de poluição dos mares e dos oceanos. Os navios de pesca, de comércio e de turismo, para não ter de pagar pela limpeza nos portos, jogam em alto-mar o óleo usado e os restos de combustível de seus reservatórios, enquanto os grandes navios-tanque ou petroleiros lavam seus tanques no meio do mar, deixando para trás um rastro de petróleo. Essas grandes e pequenas poluições representam de oito a dez vezes mais petróleo e poluentes lançados no mar que todos os naufrágios e marés negras juntos!

A poluição causada pelas lavagens clandestinas de tanques é mais grave, porque se repete ao longo do ano, enquanto as marés negras são pontuais.

Maré negra

Uma maré negra ocorre quando uma grande quantidade de petróleo é derramada no mar em conseqüência do naufrágio de um petroleiro, do rompimento de um oleoduto ou de um acidente grave numa plataforma de perfuração. As marés negras são uma catástrofe para o meio ambiente. Quando o petróleo está em estado líquido e muito tóxico, ele é fatal para muitos animais. Por exemplo, o naufrágio do Amoco Cadiz, em 1978, matou 50% dos caranguejos e mais de 90% dos moluscos que viviam na areia das praias atingidas, na França. Quando o petróleo é espesso e viscoso, as aves são as principais vítimas: calcula-se que até meio milhão de aves tenham morrido no Alasca em conseqüência do naufrágio do Exxon Valdez, em 1989. No Brasil já houve vários desastres causados por derramamentos de petróleo, em especial no litoral do Rio de Janeiro e de São Paulo.

São necessárias dezenas de anos para que a fauna e a flora recolonizem os ambientes destruídos.

Às vezes as tempestades são a causa dos naufrágios, mas em geral o mau estado de alguns navios, cujos proprietários preferem o lucro à segurança, é o verdadeiro responsável por essas catástrofes.

Metais pesados (chumbo, cádmio, mercúrio e outros)

O chumbo é um metal que se usa nos acumuladores (baterias de grande porte) e antigamente entrava na fabricação de canos de água, tinta, gasolina. O chumbo nesses produtos não é perigoso. Ele se torna perigoso quando vai parar na água (a que passa pelos canos), no ar (o chumbo do escapamento dos carros, da poeira de tintas) ou no solo (um acumulador velho jogado no chão). Até os anos 1990, a quantidade de chumbo no ar, nos rios (transportado pelo vento e pela água das chuvas) e até nos mares aumentou muito. De quinze anos para cá, a situação melhorou graças à gasolina sem chumbo e aos filtros de melhor desempenho instalados nas chaminés das fábricas que fazem o tratamento do chumbo.

O cádmio é tóxico para o meio ambiente e para as pessoas. Ele se encontra nas pilhas, em certos plásticos, nos adubos, nos fungicidas, na fumaça do cigarro. O mercúrio é um veneno que se encontra naturalmente na natureza (em formas não-assimiláveis pelo ser humano, em geral) e que o ser humano espalha em virtude de atividades industriais.

Todos esses metais, que chamamos de pesados, uma vez inalados ou engolidos, se acumulam nos seres vivos e muitas vezes provocam doenças graves.

O vínculo entre o meio ambiente e a saúde

Por difusão na água, no ar ou no solo, os produtos mais poluentes (mercúrio, chumbo, plástico etc.) contaminam o conjunto da cadeia alimentar, inclusive as pessoas. Na Europa e nos Estados Unidos, a taxa de câncer de testículo nos homens triplicou em meio século, enquanto o câncer de seio atinge, hoje, uma em cada oito mulheres, contra uma em cada vinte em 1960. Apesar desses dados, a cada ano o ser humano cria cerca de mil novas substâncias químicas, que vêm se somar às 70 mil moléculas químicas já disponíveis no mercado. Atualmente, pesquisadores e médicos concordam que existe um vínculo direto entre meio ambiente e saúde: 80% a 90% dos cânceres seriam causados pela degradação do meio ambiente. Aplicar o princípio da precaução, estabelecer um quadro jurídico internacional e promover controles são medidas indispensáveis para preservar a saúde.

Além disso, sairá mais barato para a sociedade prevenir essas doenças do que tratá-las e curá-las (fontes: Meio Ambiente e Saúde, Unesco).

Nitrogênio

O nitrogênio é um elemento químico naturalmente presente no ar e no solo e indispensável para o crescimento das plantas. Contudo, a maioria dos vegetais, como os cereais, não consegue utilizar o nitrogênio do ar, apenas o nitrogênio dissolvido no solo. Para produzir trigo, milho ou arroz, a agricultura intensiva espalha nitrogênio no solo na forma de adubo químico (os nitratos). O adubo em excesso, aquele que não é absorvido pelas plantas, vai parar nas águas subterrâneas, nos rios e nas praias, provocando a proliferação de algas e o fenômeno da eutrofização.

Para nutrir as plantas sem poluir o meio ambiente, nós podemos usar os "adubos verdes" (feijão, amendoim, crotalária), que, ao crescer, captam o nitrogênio do ar e o disponibilizam para as raízes.

A pecuária intensiva e as estações de tratamento de águas servidas também lançam compostos nitrogenados nos rios.

Ozônio

O ozônio forma-se em dias em que faz sol, a poluição dos veículos e das indústrias é intensa e não há vento. A radiação solar provoca reações químicas que levam à formação do ozônio.

Trata-se de um gás irritante, que pode provocar tosse, dificuldades respiratórias, irritações no nariz e na garganta, dores de cabeça e coceira no nariz. Os mais atingidos por essa poluição são as pessoas que sofrem de alergias ou de doenças respiratórias (asma, bronquite), as crianças e os idosos.

A poluição por ozônio é monitorada em algumas cidades do estado de São Paulo, e os níveis são divulgados em boletins diários. Quando os níveis são altos, as pessoas, em especial as mais sensíveis, devem evitar atividade física intensa.

Não confundir ozônio com camada de ozônio.

Plástico

O plástico é um material de múltiplas propriedades: ele é sólido, limpo, e podemos fazer com que tome praticamente todos os tipos de forma. Não é surpresa, então, que entre na fabricação de um mundo de objetos: garrafas, frascos, computadores, canetas, telefones, carros. Mas ele é tão estável quimicamente que só se decompõe muito lentamente.

Um objeto banal como o saco plástico, com mais de 500 bilhões de unidades utilizadas todos os anos para no mundo, causa sérios problemas. Jogado, abandonado, ele é encontrado até no meio dos desertos e no fundo dos oceanos! E aí permanecerá por muito tempo, porque demora centenas de anos para se decompor. Hoje em dia existem plásticos biodegradáveis, mas eles não são completamente biodegradáveis e custam cinco vezes mais caro. Então, a única solução é: nunca jogar um saco plástico no chão, nunca deixar um saco plástico sair voando e principalmente usar sacos reutilizáveis para passar do "descartável para o durável".

Felizmente, já sabemos reciclar certos plásticos para fazer granulados, que serão reutilizados como matéria-prima na fabricação de outros produtos. Mas o tratamento industrial desse tipo de resíduo é complexo, porque é preciso recolhê-lo e triá-lo antes de reprocessá-lo.

Embalagens de papel ou de plástico?

Os sacos de papel são mais ecológicos que os sacos plásticos? Sim e não.

- Sim, porque o recurso necessário para a fabricação do papel (a madeira) é renovável, enquanto o plástico é produzido a partir do petróleo, que está se esgotando devagar, mas inexoravelmente.

Além disso, a decomposição do papel no ambiente natural ou sua combustão em incineradores libera CO_2 orgânico, enquanto o plástico libera CO_2 fóssil, que vem do petróleo. Abandonado na natureza, um saco de papel demorará alguns meses para se decompor e desaparecer totalmente. Em compensação, os sacos plásticos resistem várias centenas de anos à degradação e podem voar pelos ares, agarrar-se em farrapos às moitas ou cair nas águas, onde podem asfixiar a fauna (tartarugas, golfinhos), ou ainda desfazer-se em minúsculas partículas que serão ingeridas pelos mariscos, pelo plâncton ou pelos peixes.

- Não, se olharmos pelo lado do ecobalanço. Na verdade, se levarmos em conta o consumo de água e de energia e os resíduos gasosos e líquidos gerados ao longo de sua fabricação, o balanço ambiental do saco de papel torna-se menos positivo do que parece. Isso se aplica especialmente em caso de utilização única.

A solução? As embalagens menos poluentes são aquelas que não usamos! Para carregar as compras, prefira sacolas, carrinhos de feira, sacos reutilizáveis ou caixotes. Quando for ao supermercado, use sacolas de pano em vez de embalar as compras com sacos plásticos, e sugira a seus amigos que façam o mesmo.

Reciclagem

Reciclar é transformar o material (papelão, plástico, vidro) de uma embalagem usada (caixa, frasco, garrafa) ou de um objeto (computador, televisor) para fabricar novos objetos. A reciclagem exige várias etapas. É preciso separar e recolher objetos e embalagens, depois fabricar papelão, papel, plástico ou vidro "reciclado" e, por fim, confeccionar novos objetos ou embalagens.

O que se fabrica com materiais reciclados?

- Novas latas a partir das latas de alumínio usadas.
- Frascos, canos, cordas, vassouras, carpetes, enchimento de travesseiros e bichos de pelúcia e até tecido para roupas com plástico reciclado.
- Garrafas de vidro a partir de potes ou garrafas de vidro usados.
- Folhas de papel ou envelopes com papel já utilizado.
- Caixas de ovos, móveis ou panos de limpeza com papelão velho e embalagens de cartão.

Vantagens da reciclagem

- A reciclagem permite economizar os recursos naturais da Terra, por exemplo, as árvores e as florestas com o papel reciclado.
- Permite economizar energia e água no momento da fabricação: 10 quilos de cartão reciclado permitem economizar cerca de 230 litros de água e 3 quilos de petróleo.

Resíduos

Restos de comida, embalagens, jornais ou papelão, roupas velhas, geladeiras e televisores quebrados, galhos cortados, excrementos de animais de criação, entulho, máquinas velhas, produtos tóxicos. Nossas sociedades industriais produzem cada vez mais resíduos. É o preço a pagar por um consumo desmedido. Há cinqüenta anos, as pessoas viviam no campo, alimentavam seus animais com restos de comida, reutilizavam as embalagens, conservavam móveis e objetos por toda a sua vida. Hoje, nossa maneira de viver mudou e nossas latas de lixo aumentaram de tamanho.

A maior parte dos resíduos que produzimos é depositada em aterros, muitos dos quais são fontes de poluição e problemas. Parte dos resíduos é queimada em usinas de incineração, e uma porcentagem cada vez maior é reciclada para fabricar novos objetos.

Resíduos nucleares

As atividades médicas, industriais e de pesquisa às vezes consomem materiais radioativos para tratar tumores, transformar materiais, realizar estudos científicos ou gerar energia. Os resíduos radioativos são tão diversos quanto os usos que se fazem deles. Alguns são fracamente radioativos e são armazenados em aterros especiais. Outros, mais tóxicos (eles emitem radiação nociva durante períodos muito longos), são tratados para aumentar seu volume e enfraquecer a radioatividade, em seguida são misturados a vidro, que os fixa por períodos muito longos, e depositados em locais especialmente projetados e monitorados. Como é grande a preocupação com seu destino a longuíssimo prazo, as pesquisas continuam. Ainda não existe uma regulamentação definitiva para o seu armazenamento, embora algumas soluções sejam consideradas (armazenamento a mais de 500 metros de profundidade, em camadas geológicas muito estáveis, armazenamento monitorado na superfície). Atualmente, todos os países industrializados que usam radioatividade e energia nuclear refletem sobre a melhor maneira de administrar esses resíduos especiais.

Tratamento de água

Louça, higiene, banho, cozinha, rega... a água serve para tudo dentro de casa. Uma vez utilizada, a água suja é coletada pelo sistema de esgotos e, em seguida, é tratada em estações de tratamento. Depois de limpa, ela é lançada na natureza, na maioria das vezes num riacho ou num rio.

As cinco etapas de limpeza das águas servidas

1. Gradeamento. A água suja passa por grades que retêm objetos grandes, latas, garrafas de plástico, folhas, trapos, papéis.
2. Desarenação e decantação. Deixamos a areia (mais pesada) descer para o fundo de um tanque e a gordura (mais leve) subir, depois as retiramos.
3. Tratamento biológico. Colocamos na água bactérias que digerem uma parte importante das matérias orgânicas e produzem um tipo de lama.
4. Decantação. A água descansa várias horas e a lama se deposita no fundo do tanque.
5. Clareamento. Recuperamos as bactérias para reenviá-las ao tratamento biológico e lançamos a água limpa no rio.

Infelizmente, nem todas as cidades brasileiras dispõem de estações para o tratamento de seu esgoto, que é lançado em rios, córregos e represas, muitas vezes contaminando a água que a população usa nas casas, nas indústrias e na irrigação de plantações.

Agropecuária e Pesca

"Se a abelha vier a sumir,
o homem não terá mais do que
alguns anos de vida."

Albert Einstein (1879-1955)

O papel de atividades como agricultura, pecuária e pesca é fornecer comida para as pessoas.

Em muitos países do mundo, as pessoas praticam um cultivo de subsistência, que permite produzir os alimentos de que elas mesmas necessitam, e o cultivo de forragem para seu gado.

Com o conhecimento científico e as necessidades crescentes de alimento nas cidades superpovoadas, desenvolveram-se técnicas muito eficientes para produzir alimentos.

Mas certos métodos (agricultura intensiva) usam um excesso de produtos químicos (adubos, pesticidas, inseticidas), que têm impacto negativo no meio ambiente, na fauna e na flora. O Fundo Mundial para a Natureza até critica a agricultura como a indústria mais poluidora do mundo.

A solução pode estar nos métodos chamados "biológicos", que empregam adubos verdes ou naturais, usam o combate biológico de pragas e respeitam o bem-estar dos animais de criação. A alternância de plantios (entre cultivos e forragem), evita o esgotamento dos solos e também fornece alimento para o gado. Ainda são raras as fazendas que usam esse método menos produtivo, porém mais respeitoso com o meio ambiente, mas cada vez mais se pratica a agricultura racional, que procura produzir alimentos em escala industrial, ao mesmo tempo que respeita o equilíbrio natural e limita as despesas com produtos químicos.

Em países tropicais como o Brasil, porém, ainda mais preocupante é a destruição de ambientes naturais para uso agropecuário, que recentemente passou a ter destaque na imprensa nacional e pode até prejudicar o comércio internacional de nosso país.

Quanto à pesca, atividade de coleta que alimenta boa parte da humanidade, ela é feita artesanalmente, com linhas ou redes pequenas, ou em escala industrial, com navios-fábricas. Os arrastões, redes enormes que se enchem de peixes, são lançados no mar onde o pescado parece ser abundante. Mas com navios que retiram, congelam e transportam grandes quantidades de peixes de uma só vez, as reservas de pescado estão se esgotando.

Há alguns anos, o tamanho dos peixes vem diminuindo e, às vezes, eles não são nem numerosos o suficiente nem grandes o bastante para procriarem.

Aqüicultura

Do mesmo modo como cultivamos a terra, também utilizamos o ambiente marinho ou os rios para praticar a criação ou o cultivo. Esse é o objetivo da aqüicultura. E é assim que algas ou animais aquáticos (peixes, moluscos) crescem em tanques, represas, rios ou em pleno mar, sob o controle atento de verdadeiros fazendeiros.

As algas, muito usadas na culinária asiática, crescem no mar ou em tanques. São consumidas frescas em saladas ou como legumes ou desidratadas em sopas, e também são usadas em cervejas, massas, molhos de salada, sorvetes, leite achocolatado e doces. Também entram na composição de produtos de beleza e remédios. A aqüicultura produz aproximadamente 7 milhões de toneladas de algas por ano.

Os moluscos, particularmente sensíveis à qualidade da água, também são produzidos em massa (malacocultura). No Brasil, mais de 12 mil toneladas de ostras, mexilhões e vieiras são produzidos em ambiente marinho por ano.

Em nosso paísl, a piscicultura produz peixes de água doce, tanto nativos (traíra, tambaqui, pacu, tucunaré) quanto exóticos (tilápia, carpa, truta). Outros países criam peixes de água salgada (salmão, robalo, linguado, bacalhau), mas aqui a piscicultura marinha ainda está em fase de estudos.

A aqüicultura pode ter futuro. Mais de 80% da Terra é coberta de água (doce ou salgada) e as terras cultiváveis estão diminuindo. Para alimentar uma população em crescimento, a exploração racional das águas (e não só o produto saído da pesca) é promissora, desde que as técnicas de criação em água não poluam o ambiente aquático, como certas práticas agrícolas poluem os solos.

Banco de sementes

Os bancos de sementes são reservas que conservam em local seco e fresco sementes de plantas ameaçadas de extinção. Existem vários no Brasil, em instituições de pesquisa por todo o país. O maior banco de sementes do mundo está na Inglaterra, no Jardim Botânico Real de Kew. Ele possui atualmente 250 milhões de sementes de aproximadamente 5 mil espécies e tem como objetivo preservar grande parte das 26 mil espécies vegetais ameaçadas no mundo, daqui até 2010.

Esses bancos de sementes também são usados para criar novos frutos ou legumes. Por exemplo, a característica de tamanho reduzido dos tomates silvestres foi selecionada e introduzida em novas variedades, que resultaram nos tomates-cereja tão apreciados nos aperitivos!

Cereais

Os cereais representam 80% da alimentação das pessoas e da maioria dos animais de criação (bovinos, suínos, aves). No Brasil, os principais cereais consumidos são o trigo, o arroz e o milho. Outros cereais são a cevada, a aveia e o centeio, muito consumidos na Europa, e o milheto, o painço e o sorgo, de consumo muito comum na África.

A produção de cereais está aumentando, mas ela é mal distribuída no planeta. Os países industrializados produzem cereais como trigo e milho em excesso e a baixo preço (geralmente subvencionado), e exportam para os países pobres, que também tentam produzi-los. Estes últimos têm dificuldade para vender sua produção até mesmo em seus próprios países, porque importar é mais barato que produzir localmente. Os países pobres pedem aos países ricos que suspendam as subvenções aos agricultores, porque elas permitem que eles vendam sua produção a preços muito baixos. Esse é o objetivo das negociações mundiais que ocorre sob a égide da OMC (Organização Mundial do Comércio).

Composto

O composto é um adubo natural fácil de produzir. Basta construir um pequeno recipiente de madeira perfurado no fundo do quintal e enchê-lo alternadamente com resíduos orgânicos, como os da cozinha (cascas de frutas e de legumes, restos de vegetais) e os do jardim (grama cortada, folhas, ramos). Evite jogar ossos, conchas e pó da casa, que se degradam muito lentamente. O ar, a água, o sol e os pequenos seres vivos (bactérias, fungos microscópicos, vermes, insetos) decompõem todos esses resíduos. De seis meses a um ano depois, você poderá usar o composto para adubar árvores, flores ou hortas, e assim fornecer a essas plantas os elementos nutritivos necessários ao seu crescimento.

Herbicidas

Os herbicidas são produtos químicos cuja utilização substitui ou completa a capina mecânica dos campos de cultivo com o intuito de limitar o crescimento de ervas daninhas que competem com as colheitas desejadas.

Mas a utilização de grande quantidade de produtos químicos leva à sua infiltração nos lençóis freáticos e à poluição destes.

Existem leis que limitam e regulamentam o uso desses produtos. Os agricultores conscientes dos problemas que eles causam procuram utilizar herbicidas específicos, que matam apenas as ervas daninhas e não têm efeito nas pessoas ou nos animais, ou espalhar somente a quantidade necessária do produto, ou ainda utilizar herbicidas de "baixa permanência", isto é, que se degradam rapidamente no meio ambiente.

Para o futuro coloca-se a questão muito séria, mas também muito polêmica, do uso de plantas transgênicas, com o intuito de limitar ainda mais o emprego de herbicidas.

Húmus

O húmus é o material proveniente da decomposição de vegetais e animais mortos.

Nas florestas tropicais, as folhas mortas que caem no chão da floresta são transformadas por pequenos animais (insetos, vermes, minhocas), fungos e bactérias numa camada fina de húmus, muito rica em nutrientes. As raízes superficiais das árvores absorvem esses nutrientes tão depressa que eles nem chegam a se infiltrar na terra. Quando a floresta é destruída e substituída por plantações, os nutrientes do húmus se esgotam logo, e o solo rapidamente perde fertilidade.

Nas florestas temperadas (Europa, por exemplo), a decomposição das folhas que cobrem o solo a cada outono é bem mais lenta, principalmente por causa das temperaturas mais baixas, e a camada de húmus é mais espessa.

Inseticidas

Os inseticidas foram inventados para combater os insetos invasores que destroem até 40% das colheitas durante o armazenamento em celeiros ou silos. Mas o uso intensivo, e tóxico para os agricultores, destrói todos os insetos, mesmo aqueles que são "úteis".

Como a maioria dos pesticidas, os inseticidas são pouco biodegradáveis: ainda se encontram traços do inseticida DDT na gordura dos pingüins, apesar de ter sido proibido há quarenta anos!

Atualmente, há uma tentativa de privilegiar o combate biológico, que consiste em usar certos predadores naturais contra os insetos invasores. É por essa razão que as joaninhas são especialmente criadas e depois soltas nas plantações, porque elas se alimentam de pulgões. Sem necessidade de produtos químicos, os pulgões desaparecem, devorados por esses lindos predadores voadores.

Irrigação

A irrigação consiste em tirar água de um rio, lago ou lençol freático para regar as áreas de cultivo. Essa técnica, conhecida há milhares de anos, é muito usada nos países quentes, em lugares onde a chuva não é suficiente para manter as plantações. Ela permite que milhares de pessoas vivam, mas pode se revelar perigosa, porque esgota as reservas de água e cria uma crosta de minerais na superfície da terra. Na verdade, a água evapora muito rápido nos países quentes e os minerais dissolvidos (por exemplo, o sal) se concentram no solo, até tornar impossível qualquer tipo de cultura. Em escala mundial, e essencialmente por irrigação, a agricultura representa 70% do consumo total anual de água; 60% dessa água evapora antes de ter sido absorvida pelas plantas. Daí a necessidade de privilegiar as técnicas econômicas, como o gotejamento, que fornece às plantas apenas o que é necessário e quando necessário, evitando assim as perdas por evaporação.

A irrigação das lavouras é usada em todas as regiões do Brasil, especialmente no Sul e no Sudeste.

Pecuária (criação)

A pecuária é necessária à alimentação humana. É uma fonte de proteínas importante para o crescimento e a boa saúde das pessoas, desde que o consumo seja moderado. O gado fornece às pessoas carne e laticínios (leite e seus derivados, como queijo, iogurte, manteiga), o que permite uma alimentação rica e mais equilibrada.

Há no planeta cada vez mais animais de criação: aproximadamente 1,4 bilhão de bovinos (vacas, bois), 1,6 bilhão de caprinos (cabras, bodes) e de ovinos (ovelhas, carneiros) e quase 1 bilhão de suínos (porcos).

Os imensos rebanhos brasileiros, argentinos, australianos e quenianos são exportados para a América do Norte e para a Europa, onde se come cada vez mais carne. Na França, a cada ano são consumidos, por pessoa, 110 quilos de produtos derivados de carne, ou seja, 200 gramas por pessoa ao dia, apesar de 100 gramas serem suficientes para um bom equilíbrio alimentar. O consumo no Brasil é bem menor que nos países desenvolvidos, por volta de 41 quilos por pessoa ao ano, apesar do país ser um dos principais produtores de carne do mundo. Isso acontece porque boa parte da carne que produzimos é comprada pelos países mais ricos.

Além disso, os criadores industriais da América do Norte e da Europa importam, para alimentar seu próprio gado, cereais e vegetais provenientes de países pobres, o que reduz a área de cultivo destinada à cultura de subsistência, de frutas e de legumes diversos que permitem aos habitantes desses países se alimentarem.

No fim das contas, a pecuária contribui para as maiores devastações da natureza que acontecem no Brasil: os grandes criadores de gado são os principais responsáveis pelo desmatamento na Amazônia, e no Cerrado a destruição é promovida pelos grandes plantios de soja, exportada como alimento para o gado dos países mais ricos. O crescimento da criação de gado na Amazônia nos últimos dez anos provocou, ainda, a emissão de uma quantidade de gases do efeito estufa equivalente à produzida em dois anos pelos Estados Unidos (o maior emissor do mundo).

É importante saber que 1 grama de proteína animal custa em média o mesmo que de 7 a 9 gramas de proteína vegetal, mas um boi proporciona doze vezes menos refeições que os cereais que ele consumiu.

A qualidade sanitária da carne nunca foi tão boa. O estado sanitário dos rebanhos é vigiado pelos veterinários do Ministério da Agricultura, Pecuária e Abastecimento. Às vezes, epidemias espalham-se entre o gado, como febre aftosa (Brasil, Argentina, Inglaterra e outros países) e, nos últimos tempos, a "vaca louca" (Inglaterra). Elas são imediatamente descobertas e medidas drásticas são tomadas, como a eliminação do rebanho.

Pesticidas

Os pesticidas (também chamados agrotóxicos) são produtos químicos usados por agricultores e jardineiros em suas plantações, para eliminar ervas daninhas, fungos, pulgões e outros parasitas. Esses produtos são perigosos se usados em doses altas, porque grande parte deles acaba na água, no ar e no solo. Estima-se que somente 10% dos pesticidas atingem as ervas daninhas, os fungos ou os insetos visados; os 90% restantes vão parar no solo, nas águas de escoamento e nos lençóis freáticos. Assim, transportados a grandes distâncias, são encontrados em grande parte dos rios brasileiros. O problema também existe nos outros países. Na Europa, por exemplo, praticamente em todos os rios estão contaminados. Os pesticidas afetam até o mar e o oceano.

Apesar de esses produtos químicos terem permitido colheitas mais abundantes em escala mundial, essa abundância não beneficiou as populações humanas mais necessitadas e hoje elas são dependentes desses produtos fitossanitários*, o que acentua seu endividamento. Daí a pesquisa alternativa na forma de combate biológico contra os animais invasores em associação com técnicas de cultivo que respeitem o meio ambiente.

Piscicultura

A piscicultura é a criação de peixes para consumo humano. A técnica em água doce é conhecida há séculos; a técnica em mar desen-

Dicionário

* O adjetivo "fitossanitário" refere-se aos "cuidados dispensados aos vegetais".

volve-se cada vez mais nos países nórdicos e na América do Sul.

A piscicultura permite uma produção regular de peixes. Ela representa cerca de um terço dos peixes consumidos, mas não necessariamente preserva as reservas de peixes silvestres. Por exemplo, são necessários cerca de 2,5 quilos de peixes pescados no mar (enchovas, chicharros, arenques) e depois transformados em farinha para produzir 1 quilo de salmão de criadouro.

A piscicultura causa problemas ao ambiente quando os peixes criados escapam dos tanques para a natureza. Espécies exóticas (isto é, que não existiam naturalmente na região) podem prejudicar as espécies nativas, predando-as ou competindo com elas, além de transmitirem doenças para os peixes silvestres

Além disso, a concentração de muitos peixes nos tanques gera poluição por causa dos excrementos lançados em grande quantidade, medicamentos (antibióticos) e restos de alimentos não consumidos pelos peixes.

No Brasil, a piscicultura se desenvolveu muito nos últimos anos para fornecer peixes vivos para os pesqueiros, conhecidos como “pesque-pague”.

Solo

O solo é um composto de argilas e matérias orgânicas decompostas. É no solo que as plantas se enraízam, retiram a água e os elementos nutritivos indispensáveis à sua sobrevivência. Cada colheita empobrece um pouco mais o solo, que deve se recompor para a colheita seguinte. Para que essa recomposição ocorra, há várias soluções: deixar o solo descansar com culturas de rotação (milho, sorgo, milheto) ou acrescentar adubos naturais ou artificiais para explorar o solo sem tardar.

Os solos são frágeis. Geralmente muito finos (algumas dezenas de centímetros), eles temem a erosão pluvial e eólica (são carregados pelas águas ou pelos ventos). Portanto, devemos preservá-los e cuidar para que sejam menos degradados pela poluição, pela irrigação excessiva, pela erosão.

Transgênicos

Os transgênicos são também chamados de organismos geneticamente modificados, ou OGM. Esses termos são utilizados para definir um organismo vivo (planta, animal, bactéria) cujo patrimônio genético (os cromossomos) foi modificado pelo ser humano em instituições de pesquisa. Os pesquisadores conseguem implantar num organismo uma característica (gene) proveniente de outro organismo. Assim, é possível introduzir numa planta a capacidade de resistir a certas doenças, a condições difíceis (seca, geada) ou ainda melhorar sua conservação. Foram criados frutas e legumes (como tomates) que apodrecem muito lentamente e se conservam por mais tempo. Eles são mais fáceis de transportar, armazenar e vender

O Brasil e outros países, como Argentina, Canadá, China e principalmente Estados Unidos (com 70% das áreas cultivadas do planeta) utilizam culturas de OGM (sobretudo soja, milho, algodão e colza). A Europa autorizou o cultivo desses organismos. Antes de se plantar um OGM na terra, deve-se obter várias autorizações. Desde 2002, a presença desses organismos deve ser informada nas embalagens dos produtos comercializados.

Vantagens

Os OGM permitem melhorar a produtividade das plantas e limitar o uso de pesticidas e adubos.

Os OGM somente são postos no mercado depois de passar por todos os testes necessários para a detecção de eventuais reações (alérgicas). As variedades transgênicas criadas para resistir aos herbicidas (soja) e aos insetos (milho) permitem que se usem menos produtos químicos. Os riscos para o meio ambiente são avaliados graças à observação de espaços limitados, mas convém ficarmos atentos. Por outro lado, certas variedades modificadas são estéreis (milho), o que reduz o risco de cruzamento com espécies silvestres.

Desvantagens

As modificações genéticas podem ser transmitidas para outras plantas na natureza, sem que possamos controlar as conseqüências. Não temos nenhum distanciamento para saber que impacto as plantas transgênicas têm sobre o meio ambiente. A introdução na natureza de novas variedades que não têm espaço no ecossistema não foi avaliada. Há o risco de que a resistência aos herbicidas seja transmitida a espécies silvestres. Essa faculdade trará problemas para a rotação das culturas. De fato, como poderemos combater germinações indesejáveis, resistentes a todos os tipos de herbicida? E, no caso de plantas resistentes aos parasitas, quanto tempo será necessário para que os insetos, os fungos se adaptem a elas?

Além desses problemas, os OGM colocam a questão ética sobre a legitimidade da intervenção humana na própria estrutura da vida.

Desenvolvimento Sustentável

"Há o bastante de tudo no mundo para satisfazer as necessidades do homem, mas não o suficiente para saciar sua avidez."

Gandhi (1869-1948)

Durante muito tempo, as pessoas administraram o planeta sem prestar atenção ao seu frágil equilíbrio. Nós poluímos (ar, água, solo), exploramos excessivamente os recursos (florestas, matérias-primas, energias fósseis) e extinguimos muitas espécies de plantas e de animais. Agora sabemos que esse comportamento é perigoso para a sobrevivência do ser humano no planeta. Está em curso atualmente uma tomada de consciência no sentido de tendermos para um "desenvolvimento que responda às necessidades do presente sem comprometer a capacidade das gerações futuras de responder às deles" (Relatório Brundtland, 1987).

Desenvolvimento sustentável, também chamado de "viável", é a tradução da expressão inglesa "sustainable development", que foi formulada pela primeira vez por ocasião da Conferência da Terra no Rio de Janeiro, em 1992. O desenvolvimento sustentável associa obrigatoriamente a boa gestão econômica, o progresso social e a preservação do meio ambiente. A combinação desses três pilares abre caminho para uma nova forma de governar, que, repousa sobre seis princípios fundamentais:

- princípio da precaução (não esperar o irreparável para agir);
- princípio da prevenção (é melhor prevenir que remediar);
- princípio da economia e da boa gestão (sabendo usar não vai faltar);
- princípio da responsabilidade (quem degrada deve recuperar);
- princípio da participação (todos estamos envolvidos, todos decidimos, todos somos protagonistas);
- e princípio da solidariedade (legar um mundo viável às gerações futuras).

O desenvolvimento sustentável também é sinônimo de uma melhor divisão das riquezas, a fim de fornecer alimento, água potável e eletricidade a todas as pessoas.

Hoje, uma em cada quatro pessoas aproximadamente vive na miséria (1,3 bilhão de pessoas nos países em desenvolvimento e 100 milhões nos países ricos); uma em cada cinco vive sem água potável e uma em cada quatro vive sem eletricidade.

Agenda 21 ou Ação 21

Trata-se de um programa de ações destinadas concretizar os objetivos e os princípios do desenvolvimento sustentável definido no Rio de Janeiro, em 1992, durante a segunda Conferência da Terra, patrocinada pelas Nações Unidas. Os países que se comprometeram a implementá-lo – entre eles o Brasil – devem aplicá-lo nos níveis nacional, regional e local. Com isso, as cidades e outras comunidades são incentivadas a adotar e colocar em prática uma política de desenvolvimento sustentável. No mundo todo, cada vez mais comunidades têm adotado sua Agenda 21, e estão contribuindo com propostas concretas a fim de nos encaminharmos para um desenvolvimento sustentável. No Brasil, já existem mais de 150 Agendas 21 locais em andamento. (fonte: Rede Brasileira de Agendas 21 Locais)

Aquecimento climático

Nosso planeta está se aquecendo: a temperatura subiu em média 0,5°C no século XX. É praticamente certeza que as atividades humanas são responsáveis por isso. Na verdade, durante mais de dois séculos, nós lançamos enormes quantidades de gases que intensificam o efeito estufa e podem fazer a temperatura da atmosfera subir. Se não diminuirmos nossos resíduos de gases de efeito estufa, a temperatura corre o risco de subir de 1,5ºC a 6ºC daqui até o fim do século XXI. As conseqüências podem ser muitas e catastróficas:

- Os desertos e as regiões áridas se tornarão maiores, a desertificação se estenderá.
- A água dos mares e dos oceanos subirá de 20 centímetros a 1 metro, e as orlas ficarão submersas.
- As tempestades, os furacões e os ciclones serão mais numerosos.
- As geleiras das montanhas derreterão.

Como combater isso?

Para combater o aquecimento do planeta, só existe uma solução: reduzir a emissão de gases de efeito estufa no ar. Por enquanto, o que está acontecendo é o inverso. A população do planeta está aumentando e as emissões de gases também. Os primeiros a fazer esforços deveriam ser os países industrializados, responsáveis por 80% dos resíduos de gases de efeito estufa. Infelizmente, alguns desses países, entre eles os Estados Unidos, embora sejam os maiores produtores desses gases, se negam a reduzir seus resíduos porque têm medo de desacelerar seu crescimento econômico.

O Brasil, juntamente com a Indonésia, está entre os campeões de emissões de gases de efeito estufa, não por causa das indústrias, mas por causa do desmatamento e das queimadas. A destruição das florestas deve ser impedida, para que essas emissões deixem de acontecer.

Alguns gases de efeito estufa produzidos pelo ser humano

- CO_2. Queimando carvão, petróleo e gás natural, e derrubando florestas, o ser humano aumentou consideravelmente a quantidade de CO_2 no ar: 30% em dois séculos!
- Metano. Ele provém da degradação de matéria viva em ambientes onde não há oxigênio (brejos, intestino dos animais). A ampliação das plantações de arroz, o crescimento da pecuária e a multiplicação dos aterros estão na origem do aumento desses gases no ar.
- Halocarbonos (CFC, HCFC, HFC). Esses compostos produzidos industrialmente furam a camada de ozônio e intensificam o efeito estufa. Os mais conhecidos são os CFC, utilizados nas geladeiras e nas bombas aerossóis. Sua produção foi proibida a partir de 1995 e seu uso é fortemente limitado. Seus substitutos, os HCFC e os HFC, também são gases de efeito estufa, mas são menos ativos.

Biotecnologias

Hoje, as tecnologias da vida permitem produzir em grande quantidade vacinas, fermentos (para fabricar queijos ou pães, por exemplo) ou bactérias úteis para a digestão dos resíduos.

Esse conhecimento da produção industrial de microrganismos permitirá que no futuro haja tratamentos para certas poluições dos solos causadas por metais tóxicos, como o plutônio ou o cádmio, ou por substâncias orgânicas (fenóis). Nós já sabemos selecionar bactérias que se alimentam desses produtos tóxicos e, assim, fazê-los desaparecer.

Comércio eqüitativo

O comércio eqüitativo (ou solidário) nasceu há cerca de trinta anos. Ele estabeleceu relações mais justas entre os produtores dos países pobres e os consumidores dos países ricos. Na verdade, os países ricos muitas vezes impõem preços muito baixos para as mercadorias que compram dos países pobres. O comércio eqüitativo tenta reparar essa injustiça oferecendo aos agricultores e aos artesãos desses países preços melhores por seus produtos. Essa remuneração mais justa permite que eles vivam e atendam às necessidades de suas famílias em termos de alimentação, saúde e educação. Em contrapartida, os consumidores dos países ricos têm a garantia de comprar um produto de qualidade, com respeito ao direito das pessoas e de suas comunidades. Hoje, sob a denominação eqüitativo, encontramos café, chá, chocolate, barras de cereais, feijão (roxo e preto), utensílios de cozinha, bijuterias, pequenos objetos de decoração, tecidos.

O comércio eqüitativo envolve, hoje, cerca de 850 grupos de produtores, ou seja, mais de 800 mil trabalhadores que sustentam 5 milhões de pessoas em cerca de 50 países. Na Europa, os alemães e os holandeses são os maiores compradores de produtos oriundos do comércio eqüitativo, à frente dos ingleses e dos suíços, enquanto os franceses ainda não consomem muito esses produtos.

Conferências internacionais

As conferências internacionais são reuniões que juntam um grande número de países. Ali se discute e tomam-se decisões sobre um tema preciso (a camada de ozônio, a água, a proteção das espécies ameaçadas, a poluição dos oceanos, o aquecimento do planeta), sobre a proteção do meio ambiente em geral ou sobre o desenvolvimento sustentável. Essas conferências são úteis porque muitos problemas não podem ser resolvidos por um único país. Os participantes redigem textos denominados convenções ou protocolos, que depois todos os países signatários devem respeitar.

As três grandes conferências

- 1972 – Em Estocolmo, na Suécia, primeira Conferência da Terra (8 mil participantes).
- 1992 – Segunda Conferência da Terra, no Rio de Janeiro, no Brasil (30 mil participantes).
- 2002 – Conferência Mundial para o Desenvolvimento Sustentável, em Joanesburgo, na África do Sul (80 mil participantes).

Demografia

A demografia é uma ciência que estuda a população humana em seus movimentos naturais e migratórios.

Nós somos atualmente 6 bilhões de pessoas. A cada ano, são 84 milhões de pessoas a mais na Terra. Em 2050, nós seremos cerca de 9 bilhões. Esse crescimento diminuirá por volta de 2100, e a população mundial deverá se estabilizar entre 10 e 12 bilhões de pessoas (fontes: Programa das Nações Unidas para o Desenvolvimento, Programa das Nações Unidas para o Ambiente).

A demografia também serve para prever as necessidades dos habitantes: alimentação, moradia, educação, atividade econômica.

Daqui a cem anos, para alimentar uma população que terá dobrado de tamanho, será preciso encontrar novas terras cultiváveis, ou melhorar a produtividade das culturas, aumentar o número de animais, pescar e caçar ainda mais etc., com o risco de um aumento da população e de um esgotamento de certos recursos naturais do planeta, já comprometidos (como as reservas de peixes, por exemplo).

As cidades vão crescer mais e se tornar imensas megacidades. Nos países pobres, as condições de vida serão, talvez, ainda mais difíceis: falta de água potável, ar poluído, montanhas de resíduos e falta de trabalho. Atualmente, uma em cada quatro pessoas vive na miséria (1,3 bilhão de pessoas nos países em desenvolvimento e 100 milhões nos países ricos), um número que poderá aumentar com o crescimento da população.

Ecobalanço

Ecobalanço é a análise dos impactos ambientais de um produto desde a sua fabricação até o fim da sua vida, levando-se em conta a matéria-prima utilizada, a energia consumida e a poluição gerada em todo o ciclo de vida do produto. Quando o consumidor dispuser dessas informações, ele poderá fazer escolhas em função dos mínimos prejuízos causados ao meio ambiente por esse produto ou serviço, ou até desistir da compra.

Ecologia

A ecologia é a ciência que estuda as relações entre os seres vivos (pessoas, plantas e animais) e o meio ambiente em que eles vivem. Portanto, fazer ecologia é tentar compreender como funcionam a natureza e seus ciclos (ciclo da água, cadeia alimentar etc.), qual é a influência do solo e do clima, como os seres vivos dependem uns dos outros, como eles modificam seu ambiente, mas também como o ambiente age sobre eles. O objetivo é administrar corretamente os ecossistemas (constituídos pelo ambiente e pelos seres vivos que o habitam, por exemplo: um campo com suas plantas e seus animais) e zelar por seu equilíbrio.

Ecologista ou ecólogo?

Às vezes, os cientistas que estudam a ecologia são chamados de ecologistas, mas em geral eles preferem o termo ecólogo. O termo ecologista é empregado, na verdade, para designar uma pessoa que milita numa ONG ou num partido político com o intuito de fazer avançar a defesa do meio ambiente e o conhecimento sobre a ecologia pela sociedade.

Ecoturismo

O ecoturismo é o turismo voltado para a contemplação da natureza, feito de forma responsável, de modo a não degradar os ambientes naturais e nem prejudicar as pessoas que vivem no lugar. É uma forma de recarregar as energias, encontrar tranqüilidade no contato com os ambientes naturais e ter a chance de refletir e estar a sós com nós mesmos. No ecoturismo não há lugar para atividades que prejudiquem o ambiente, como a construção de grandes edifícios, desmatamento, produção de resíduos, geração de barulho e perturbação da fauna.

Caminhadas, contemplação das paisagens e observação de aves são algumas das possibilidades. O ecoturismo pode também ser associado com atividades de educação ambiental, de forma a ajudar as pessoas a conhecerem melhor a natureza.

O Brasil tem um grande potencial para o ecoturismo, por suas belezas naturais e por ter a natureza mais rica do mundo. Se bem desenvolvido, o ecoturismo, é uma alternativa econômica de grande sustentabilidade para as comunidades locais.

Equilíbrio natural

Trata-se do equilíbrio entre os diferentes elementos da natureza. Ele está em toda parte. Um lago, por exemplo, recebe tanta água (pela chuva, pelos cursos de água que deságuam nele) quanto perde (por evaporação em razão do calor, pelos cursos de água que partem dele). O ciclo da água está em equilíbrio, do contrário o lago transbordaria ou secaria. Nesse lago, a fauna também está em equilíbrio: o número de peixes predadores é equilibrado pelo número de presas. Se o número de presas aumentar, o número de predadores também aumentará. Se o número de presas diminuir, o número de predadores também diminuirá.

Mas esses equilíbrios são frágeis e freqüentemente perturbados pelo ser humano. É o caso das regiões áridas: usar água em excesso para a irrigação pode secar os rios, os lagos e até os mares. Do mesmo modo, quando se pescam peixes predadores em excesso (eles são muito apreciados por sua carne), o número de peixes presas aumenta exponencialmente. Se, ao contrário, introduzirmos um peixe predador que se reproduz e come tudo, os outros peixes desaparecerão.

Estudos ambientais

Segundo as leis ambientais brasileiras, a construção de grandes obras (barragens, rodovias, ferrovias, aeroportos, linhas de transmissão, grandes empreendimentos imobiliários etc.) só é permitida pelo governo se os responsáveis comprovarem, por meio de estudos detalhados, que o empreendimento não vai causar danos irreparáveis ao ambiente. Em alguns casos, quando esses danos são inevitáveis, são pedidas compensações, como a proteção a uma área ou o plantio de árvores nativas em alguma área já alterada antes do empreendimento.

Os estudos ambientais são feitos por equipes multidisciplinares, isto é, compostas por especialistas em diferentes áreas, e incluem o ambiente físico (rochas, rios, clima etc.), a biota (flora, fauna, ecossistemas) e a sócio-economia (população humana, cidades, atividades econômicas etc.).

Outros tipos de estudos ambientais incluem os planos de recuperação de áreas degradadas, o zoneamento de unidades de conservação, os planos de manejo, os monitoramentos de fauna e outros.

Fome

A agricultura mundial produz o suficiente para alimentar todos os habitantes do planeta. Mas o alimento não vai necessariamente para a mesa de quem precisa: os ocidentais obesos estão superalimentados e muitos africanos e asiáticos ainda sofrem com a fome.

Se quase 800 milhões de pessoas têm fome no mundo (três quartos da população rural e um quarto da população urbana) não é por falta de terras ou de sementes, mas simplesmente porque elas não podem cultivar suas terras. As guerras, a chantagem dos senhores da guerra e o deslocamento das populações são algumas das razões para o abandono das plantações.

As condições climáticas (seca, furacões e inundações) são outras razões desastrosas, principalmente nas zonas costeiras de agricultura intensiva.

Certos países, como Índia e China, tornaram-se recentemente grandes exportadores de cereais, mas ainda existem zonas de fome em seus territórios. O ideal seria repartir, optar por alimentar as populações pobres, porém os países preferem exportar os cereais porque no mercado mundial conseguem vendê-los a preços elevados.

Globalização

Hoje, bastam algumas horas de avião para ir ao outro extremo da Terra. O telefone e a internet nos conectam instantaneamente aos quatro cantos do planeta. Os transportes e as comunicações, cada vez mais baratos, são acessíveis a um número cada vez maior de pessoas. Nos últimos sessenta anos, o comércio mundial foi multiplicado por doze! Numerosas barreiras (taxas, cotas) que limitavam a entrada em certos países foram eliminadas ou abrandadas. Resultado: utilizamos objetos fabricados na China, comemos frutas cultivadas no Chile ou na Argentina e vestimos roupas desenhadas nos Estados Unidos. Essa mistura humana e econômica é o resultado da globalização das trocas comerciais.

O caldo mundial de bens, idéias e pessoas altera os hábitos e as posições assumidas. Assim, fica mais barato instalar fábricas em países pobres, onde a mão-de-obra é muito mais barata, do que mantê-las nos países ricos. A globalização tende a acentuar uma bipolarização do mundo entre países ricos e países pobres.

Lobby

Um *lobby* é um grupo que faz pressão sobre instituições (governos) ou pessoas (políticos) para levar adiante seus interesses. No Brasil, o *lobby* madeireiro pressiona para conseguir explorar o máximo possível de madeiras, inclusive em florestas públicas, e companhias multinacionais fazem *lobby* para que as restrições ao plantio de alimentos transgênicos sejam abrandadas.

Megacidade (cidade grande)

Uma megacidade (ou metrópole) é uma cidade que se tornou imensa. Há cem anos, somente duas cidades excediam os 10 milhões de habitantes; hoje, são cerca de 50. O maior aglomerado de pessoas do mundo é a região metropolitana de Tóquio, com 32 milhões de habitantes. No Brasil, a região metropolitana de

São Paulo, que inclui a cidade de São Paulo (com 11 milhões de habitantes) e mais 38 municípios, é habitada por 19 milhões de pessoas. A região metropolitana do Rio de Janeiro é formada por 17 cidades e tem 11 milhões de habitantes.

Quando uma cidade se torna enorme, começam a surgir problemas de poluição do ar, de eliminação de resíduos, de barulho ou ainda de transporte, como acontece em todas as grandes cidades brasileiras. Na Cidade do México, capital do México, com seus 20 milhões de habitantes, eles são ainda mais graves. O ar é extremamente poluído. A cidade não consegue eliminar seus resíduos, que formam verdadeiras montanhas. O barulho é incessante. E, por fim, leva-se horas para atravessá-la.

No mundo existem as megalópoles, imensas áreas urbanas com várias metrópoles conectadas. A mais conhecida reúne Boston, Nova York, Filadélfia, Baltimore e Washington, DC, nos Estados Unidos. No Brasil, as metrópoles de Rio de Janeiro, São Paulo e Campinas formam uma megalópole.

Meio ambiente

Com o uso, o sentido do termo evoluiu. O meio ambiente é o próprio ambiente no qual as pessoas vivem: ele é formado por elementos naturais (a natureza, o ar, a água, as plantas, os animais, as paisagens) e artificiais (as cidades, os prédios, as estradas, as pontes). O meio ambiente compreende também as relações entre as pessoas e os diferentes ecossistemas do nosso planeta. Por fim, o meio ambiente leva em conta os fatores sociais suscetíveis de ter efeito sobre os seres vivos e sobre a atividade humana. Por seu caráter multidimensional e sua relação com o ser humano, o meio ambiente é uma noção muito mais ampla que a ecologia, que se dedica às relações entre todos os seres vivos (entre eles as pessoas) e seu ambiente.

Nimby

Nimby é uma palavra formada a partir da expressão inglesa "Not in my back yard", que significa "Não no meu quintal". Quando se utiliza essa palavra engraçada? Quando, por exemplo, os habitantes de uma cidade ou de uma região não aceitam que uma instalação, como um aterro de resíduos ou uma usina de compostagem, seja construída perto da casa deles. Essa discordância, motivada em geral por razões justas, também pode ser paradoxal, porque, por um lado, as pessoas são a favor da reciclagem dos resíduos e, por outro, preferem que ela seja feita no quintal do vizinho. *Nimby* exprime, portanto, a contradição daqueles que querem preservar o meio ambiente, mas não aceitam sofrer as conseqüências desse processo.

OMC

A Organização Mundial do Comércio (OMC) é uma instituição internacional que reúne quase 150 países. Ela tem como missão fazer o balanço das políticas comerciais dos países membros, gerenciar e controlar as trocas de bens e de mercadorias e arbitrar os conflitos comerciais entre os Estados. Seu poder é hoje muito grande, porque ela pode sancionar financeiramente os países que não respeitam as regras do comércio internacional.

Mas é também muito contestada pelos alter-globalistas (aqueles que querem um globalização diferente). Eles a acusam de ameaçar a existência de muitos habitantes dos países mais pobres e mais vulneráveis, por eliminar barreiras alfandegárias, e de não desempenhar como deveria seu papel de reguladora da globalização.

OMS

A Organização Mundial da Saúde (ou OMS) é uma instituição internacional criada em 1948, que conta hoje com 192 países membros. Seu objetivo é melhorar a saúde de todos os habitantes do planeta. Como fonte de informação e de alerta e organismo de controle, ela participa de parcerias entre países, estimula a elaboração e a experimentação de tecnologias e de políticas com o intuito de combater numerosas doenças, como, por exemplo, a tuberculose, uma doença terrível que mata cerca de 3 milhões de pessoas todos os anos no mundo.

ONGs (organizações não-governamentais)

As Organizações Não-Governamentais são grupos de pessoas das quais muitas se ocupam voluntariamente dos mais variados temas. Algumas lutam pela proteção da natureza e do meio ambiente tanto nas cidades quanto nas áreas naturais. Outras defendem espécies animais ou vegetais ameaçadas, manifestam-se contra obras que julgam nefastas (rodovias, barragens) e intervêm quando ocorrem catástrofes ecológicas (marés negras). Todas procuram sensibilizar os habitantes para o respeito por nosso planeta e sua proteção. Centenas de ONGs atuam na proteção ao ambiente no Brasil, como por exemplo a Fundação SOS Mata Atlântica e a Renctas (Rede Nacional de Combate ao Tráfico de Animais Silvestres), com atuação nacional. Muitas organizações internacionais também têm suas representantes em nosso país, como a WWF-Brasil, a CI-Brasil (Conservação Internacional), a WCS-Brasil, a BirdLife-SAVE Brasil e o Greenpeace.

Passivo ecológico

Que aconteceria se os 6 bilhões de habitantes do planeta consumissem como os habitantes dos países industrializados? Para saber isso, pesquisadores fizeram um pequeno cálculo e transformaram em superfície a comida que comemos, os objetos que compramos, os resíduos que lançamos. Na verdade, cada quilo de batatas foi produzido em um pedaço de terra e cada uma de nossas roupas precisou de uma fábrica, de estradas e de uma loja, as quais podemos, por um cálculo engenhoso, converter em superfície. O resultado é trágico. Nós consumimos demais e seriam necessários dois planetas extras caso todos os habitantes do planeta vivessem como os europeus!

Princípio da precaução

Formulado na Conferência da Terra no Rio de Janeiro, em 1992, esse princípio se refere à seguinte questão: o que devemos fazer quando um eventual dano pode afetar o meio ambiente de maneira grave e irreversível? Entre largar de mão e proibir tudo, a solução seria aplicar o princípio da precaução, que se resume em "não esperar o irreparável para agir". Isso significa para as autoridades públicas:

1. adotar medidas provisórias e adequadas para evitar que o dano se realize.
2. implantar procedimentos de avaliação de possíveis riscos, apoiando-se na pesquisa. Esse deve ser um princípio de ação responsável, que permita um equilíbrio entre uma situação utópica (isto é, que não existe) de risco zero e a de um progresso a todo custo, indiferente aos riscos.

Não confundir

O princípio da precaução, que se refere a um risco presumido, e o princípio da prevenção, que se refere a um risco comprovado e infalível. Sabendo que os acidentes rodoviários existem, nós fazemos prevenção nas estradas para limitar o número e os efeitos desses acidentes.

Responsabilidade socioambiental

É uma nova forma de empresas, escolas e outras organizações conduzirem suas atividades, agindo de forma responsável junto à sociedade, promovendo ações que beneficiam a todos, e garantindo a sustentabilidade de seus produtos e serviços. O objetivo principal é garantir que sua atividade não prejudique as pessoas nem o meio ambiente, e ajude a melhorar a qualidade de vida de todos.

Por exemplo, uma empresa pode manter centros de educação voltados para a comunidade, garantir que nenhuma das matérias-primas que utiliza provém de destruição da natureza, desenvolver atividades com crianças de comunidades carentes. Escolas, e condomínios podem promover coleta seletiva e reciclagem do lixo, e adotar práticas de economia de energia e de água.

Terceiro mundo

A expressão "terceiro mundo" surgiu nos anos 1950 e designava os países pobres e pouco industrializados. Hoje, dizemos "países em desenvolvimento" Os países em desenvolvimento reúnem condições muito diferentes, por exemplo: Coréia do Sul, Hong Kong, Taiwan e Singapura são "novos países industrializados", enquanto Arábia Saudita e outros países do Golfo são muito ricos graças ao petróleo e os países da África situados entre o Saara e a África do Sul são muito pobres.

O Brasil está incluído entre os países do "terceiro mundo" ou "em desenvolvimento".

Transporte

Os transportes tornaram-se essenciais para trabalhar, sair de férias, ir ao encontro de outras culturas, trocar bens e idéias entre os cinco continentes. Mas o aumento do número de aviões, caminhões, motos, carros e infra-estruturas destinadas aos transportes trouxe problemas (poluição do ar, barulho, congestionamentos) que se tornaram insuperáveis.

Como conseguiremos limitar os efeitos nefastos dos transportes? Reduzindo o espaço reservado aos carros particulares, dando mais espaço aos transportes públicos, desenvolvendo o transporte de caminhões sobre trens e o transporte intermodal, descobrindo novas tecnologias de propulsão de aviões e carros mais econômicos e limpos.

Índice

A

B

C

D

E

F

G

H

I

A constatação feita pela FUNDAÇÃO NICOLAS HULOT e seu presidente é inequívoca: de tanto explorar recursos e poluir nosso planeta, nós estamos ameaçando seu frágil equilíbrio. Se o problema não é recente, a partir de agora ele está no centro das preocupações de cada cidadão e de seus políticos. Os diversos aspectos da ecologia são abordados para aprendermos a reduzir desperdícios, a partilhar recursos e a consumir melhor e não cada vez mais.

Uma mina de informações úteis e de conselhos práticos sobre a ecologia no dia-a-dia para todos juntos fazermos com que o planeta azul continue assim.

ONG apolítica e apartidária, a Fundação Nicolas Hulot para a Natureza e o Homem tem como missão desenvolver a educação ambiental.

Para saber mais:

<www.fnh.org> ou <www.defipourlaterre.org>